U0348041

黔江·中国清新清凉峡谷城

主编　张天宇　谢世容

气象出版社
China Meteorological Press

内容简介

本书根据黔江 1981—2010 年 30 年翔实可靠的气候资料以及近年来的生态环境、大气成分资料对黔江生态气候条件进行了综合分析:黔江拥有清凉舒适的宜居气候条件,清新怡人的优良生态环境,独具特色的峡江峡谷美景,得天独厚的生态旅游气候资源。努力建设"峡谷峡江之城,清新清凉之都,养生养心之地",共同打造"中国清新清凉峡谷城"这一品牌。

图书在版编目(CIP)数据

黔江·中国清新清凉峡谷城 / 张天宇,谢世容主编. --北京:气象出版社,2017.6
ISBN 978-7-5029-6552-5

Ⅰ.①黔… Ⅱ.①张… ②谢… Ⅲ.①气候资源-研究-黔江地区 Ⅳ.①P468.271.93

中国版本图书馆 CIP 数据核字(2017)第 100719 号

出版发行:气象出版社
地　　址:北京市海淀区中关村南大街 46 号　邮政编码:100081
电　　话:010-68407112(总编室)　010-68408042(发行部)
网　　址:http://www.qxcbs.com　　E-mail:qxcbs@cma.gov.cn
责任编辑:齐　翟　　　　　　　　　终　　审:吴晓鹏
责任校对:王丽梅　　　　　　　　　责任技编:赵相宁
封面设计:易普锐创意
印　　刷:中国电影出版社印刷厂
开　　本:889 mm×1194 mm　1/32　　印　　张:3.5
字　　数:101 千字
版　　次:2017 年 6 月第 1 版　　　　印　　次:2017 年 6 月第 1 次印刷
定　　价:21.00 元

前　言

　　黔江区位于重庆市东南部,地处武陵山区腹地,为重庆五大功能区域——渝东南生态保护发展区之核心地带,辖区面积 2402 平方千米,东部和北部与湖北省接壤,素有"渝鄂咽喉"之称。

　　黔江属亚热带湿润季风气候区,气候温和,夏凉宜人,冬无严寒,热量丰富,雨量充沛,山高谷深,垂直气候差异明显,动植物资源丰富,生物多样性特征显著。2012 年被联合国环境基金会评为"绿色中国·杰出绿色生态城市"。黔江是重庆市土家族、苗族等少数民族的主要聚居地,物华天宝,人杰地灵,人文景观丰富,遗址遗迹众多;黔江自然风光优美多彩,神韵天成,山奇水秀,鬼斧神工,尤其是峡江峡谷美景,令人震撼且独具特色。黔江依托丰富的生态旅游气候资源,努力建设"峡谷峡江之城,清新清凉之都,养生养心之地",故清新清凉峡谷城印象早已深入人心。

　　受黔江区委、区政府委托,重庆市气候中心和黔江区气象局组织科技人员对黔江生态旅游气候资源进行评估,为打造"黔江·中国清新清凉峡谷城"品牌提供科学依据。

本书编委会

2016 年 7 月

目 录

第 1 章

黔江的基本概况

　　黔江地处武陵山腹地、渝东南中心地带，素有"渝鄂咽喉"之称，集革命老区、少数民族聚居区于一体，是《成渝城市群发展规划》定位的武陵山片区及渝东南中心城市。黔江立足自然生态优势，提出"以生态为本，抓特色优势，走差异化发展道路"的发展思路。黔江区委、区政府高度重视生态文明建设工作，努力把黔江建设成为"发展更加优质、生态更加优良、环境更加优美"的全国生态文明先行示范区，"碧水青山、绿色低碳、生态宜居"的渝东南中心城市和"产业繁荣、结构合理、生态经济特色突出"的武陵山区重要经济中心，目前已取得显著成效。

1.1　地理位置

　　黔江区坐落于重庆市东南部,为四川盆地的盆周山区,地处巫山山脉与大娄山山脉交汇处、武陵山区腹地,位于东经 108°28′～108°56′、北纬 29°04′～29°52′,东西宽 45 千米,南北长 90 千米,幅员面积 2402 平方千米,其东、北分别与湖北省咸丰县、利川市接壤,西、南分别与重庆市彭水县、酉阳县毗邻(见图 1.1)。

图 1.1　黔江地理位置

1.2　历史沿革

黔江早在 60 万年前"人猿揖别"后就有人类祖先活动的痕迹，其文明历史可以上溯到原始社会。黔江在夏朝属梁州，商周（含春秋战国）为古濮国、巴国属地，秦时属巴郡南部地区，首次实现各民族人民大融合。汉初，为涪陵县地。黔江置县始于东汉建安六年，至今有 1800 多年建制史。1949 年 11 月，中国人民解放军解放黔江，成立黔江县人民政府，隶属川东行署区。1983 年 11 月，经国务院批准，撤销黔江县，建立黔江土家族苗族自治县。1988 年 5 月经国务院批准成立四川省黔江地区，辖石柱土家族自治县、彭水苗族土家族自治县、黔江土家族苗族自治县、酉阳土家族苗族自治县、秀山土家族苗族自治县。1997 年纳入重庆直辖市，同年 3 月经国务院批准，撤销原四川省黔江地区，成立重庆市黔江开发区。2000 年 6 月经国务院批准撤销原重庆市黔江开发区、黔江土家苗族自治县，设立重庆市黔江区，也是重庆市唯一的一个少数民族区。

1.3　地形地貌

黔江东接鄂西山地，南邻贵州高原北部，西北隅向盆地过渡，表现为中山与低山地形，山脉连绵，山势陡峻，峭壁林立，沟壑纵横，峡谷众多（见图 1.2）。山顶标高一般在 1000～1500 米，最高峰为东南侧的灰千梁子顶峰，海拔 1938.5 米，地势最低的为西侧的马嘶口，海拔 320 米，相对高差 1618.5 米。总体地势东北高、西南低。以东北—西南走向山脉与纵向河谷相间，与构造线基本一致，山前有小型山间盆地的地貌景观，具有背斜大部分成山，翼部多数为谷的特点。地貌形态受岩性、构造、水文网等因素控制，碳酸盐岩分布区近河地段地形切割强烈，常形成陡峭的峡谷；志留系碎屑岩山区，多呈鳍脊状低中山或中山，溪沟纵横交错，相对高差一般为 500～1000 米。

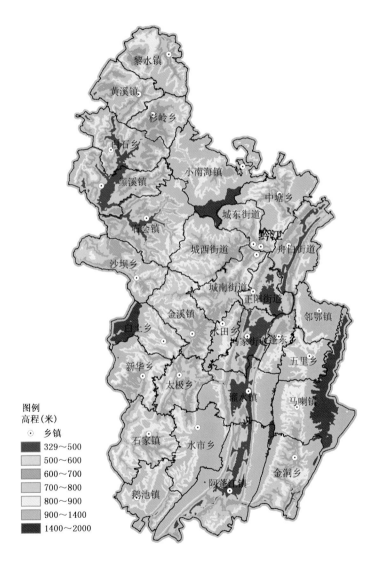

图 1.2　黔江地形

1.4 河流水系

黔江区辖区内河流均属长江上游乌江水系,区内河流较多,大小溪流密布全境,水流落差大,流域面积 50 平方千米以上的河流有 15 条(见图 1.3)。辖区内河流均从北至南向乌江汇集,区域内中小河流多发源于海拔较高的山岭,一般都具有河床陡、河槽窄、地形切割深、落差大、滩多水急的山区型河流特点,水能资源较为丰富。黔江以八面山为分水岭,东南为阿蓬江、诸佛江支流,西北为郁江支流。小南海是市内最大的天然淡水湖,也是重庆最大的地震堰塞湖,面积 2.87 平方千米。

1.5 土壤植被

黔江区土地资源受成土母质(岩性)和气候的影响,包括沙、黏、瘦、薄等种类,坡度大。坡度在 25°以上的耕地占耕地总面积 50%,其中坡度在 45°以上的又占一半以上。黔江的土壤共分 5 个土类、10 个亚类、17 个土属、89 个土种,主要为山地黄壤、黄棕壤等。黔江属亚热带常绿阔叶林,植物种类多,垂直分布明显,植物资源具有起源古老、种类丰富、孑遗植物和特有种属多的特点。

1.6 经济社会

黔江区共辖 6 个街道、12 个镇、12 个乡。截至 2015 年末,户籍总人口 55 万人,以土家族和苗族为主的少数民族人口占总人口的 73.3%。2015 年全区实现地区生产总值 202.5 亿元。其中:第一产业增加值 19.03 亿元,第二产业增加值 111.77 亿元,第三产业增加值 71.75 亿元,三次产业结构比为 9.4∶55.2∶35.4。农林牧渔业增加值 19.04 亿元,固定资产投资 267.08 亿元。

近年来黔江区辖区内道路、通讯、供水、供电、停车场、智慧旅游

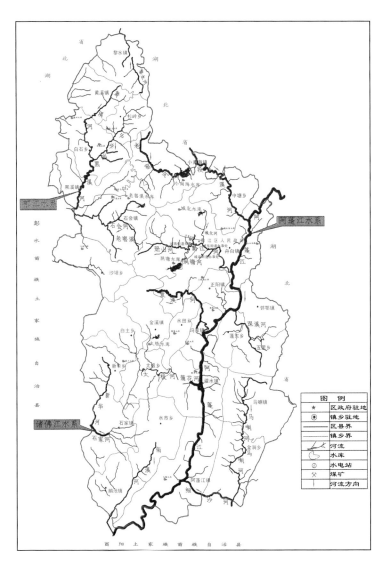

图 1.3　黔江河流水系

系统等基础设施和垃圾、污水收集处理设施也不断得到完善,酒店、公共服务设施得到了整体推进,黔江综合经济实力显著增强,正在建设成为渝东南中心城市和武陵山地区重要经济中心。

黔江全景

1.7　交通运输

由图1.4、1.5可见黔江是长江经济带、丝绸之路经济带、海上丝绸之路、渝新欧大陆桥等相互交汇的重要交通枢纽。黔江具有铁路、高速公路、航空于一体的武陵山区域立体交通枢纽优势,中长期将逐步形成"一空七铁六高一水"的对外通道(见表1.1)。"十三五"期间,黔江将建设"区域性公路运输枢纽、区域性铁路运输枢纽、武陵山区重要航空门户和旅游中转港",基本建成武陵山区综合交通枢纽,逐步成为重庆市及武陵山区最畅通的区域性中心城市之一。

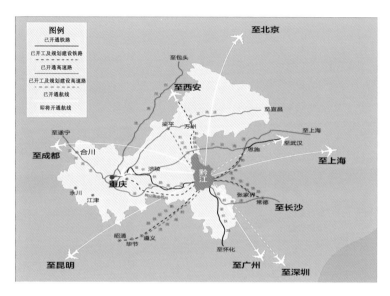

图 1.4　黔江武陵山机场航线规划图

表 1.1　黔江高速公路情况

高速公路	建设情况	建成后优势	辖区内里程（千米）
渝湘高速（包茂高速公路）	已通车	黔江至重庆约 2 小时车程,黔江至长沙 4 小时车程。	78
黔恩高速（黔江—恩施）	已通车	黔江至恩施 1 小时可抵达。	20
黔梁高速（黔江—梁平）	2018 年通车	建成后可促进 1 小时经济圈、渝东北、渝东南城镇群之间的交通联系。	26
城市东外环高速	规划中	建成后将有效拓展城市发展空间,助推黔江发展进入二环时代。	21

图 1.5　黔江铁路规划线路示意图

第 2 章

黔江的气候特征

黔江属亚热带湿润季风气候区,气候温和,四季分明,春暖风和,夏凉宜人,秋高气爽,冬无严寒,热量丰富,雨量充沛。由于黔江山高谷深,相对高差大,山地立体气候特征明显。黔江多样的气候条件及地理环境也造就了丰富的植被类型及云海、雪景等气象景观。

2.1　黔江气候

2.1.1　气温适宜,清凉宜人

黔江辖区内地形起伏变化导致气象要素垂直分布差异较大,立体气候特征明显,气温随海拔高度逐渐降低(见图 2.1、2.2)。黔江年平均气温大体呈西北高东南低的分布,海拔在 320～600 米的河

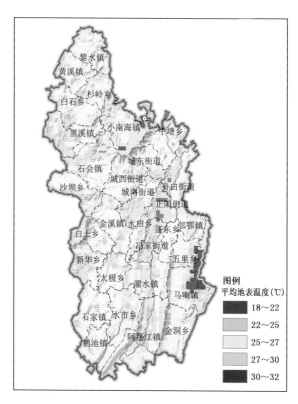

图 2.1　黔江区 2014 年夏季平均地表温度
(MODIS 卫星资料)

图例
平均地表温度(℃)

18～22
22～25
25～27
27～30
30～32

谷地带年平均气温为 16～17℃,海拔高度在 700～1500 米地区年平均气温为 12～16℃,海拔超过 1500 米的高山地区,年平均气温为 9～12℃(见图 2.3)。

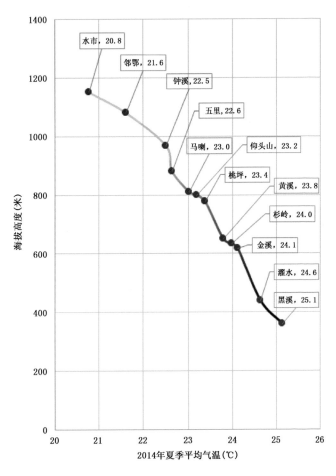

图 2.2 黔江区域 2014 年夏季平均气温随海拔高度变化

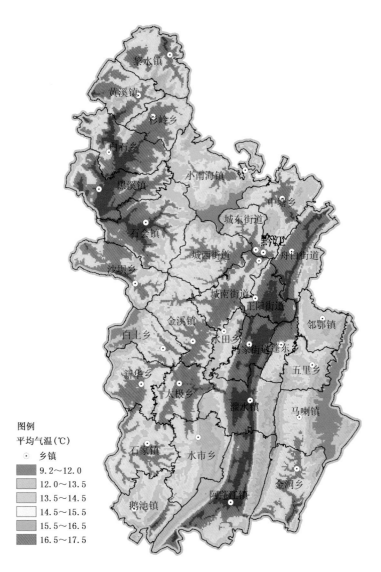

图例

平均气温(℃)

⊙　乡镇

9.2~12.0
12.0~13.5
13.5~14.5
14.5~15.5
15.5~16.5
16.5~17.5

图 2.3　黔江年平均气温(℃)分布

以年平均气温为指标,按照表2.1划分黔江气候类型,海拔在300~500米的沿江河谷地区,为中亚热带气候类型;海拔在500~1500米的低山地区,为山地北亚热带气候类型;海拔超过1500米的中山地区为暖温带气候类型,接近2000米的高山地区为中温带气候类型(见图2.4)。

表2.1　气候带分类指标

气候带	年均气温
亚寒带	<4℃
寒温带	4~7℃
中温带	7~10℃
暖温带	10~13℃
山地北亚热带	13~16℃
中亚热带	16~18℃
局地河谷南亚热带	>18℃

　　总体而言,黔江气候温和,清凉宜人,城区所在地年平均气温为15.7℃,夏季平均气温24.9℃,冬季平均气温6.0℃,春、秋季平均气温分别为15.4、16.6℃。最热月(7月)平均气温25.8℃,气温相对不高,出现酷暑天气的概率低,最冷月(1月)平均气温4.9℃,虽感觉有凉意,但并不寒冷(见图2.5)。气温平和,夏无酷暑,冬无严寒,这是非常优异的温度气候资源。

　　近55年(1960—2014年)黔江年平均气温略有升高,春、秋、冬季增温幅度相对略大,而夏季无增温趋势,在全球气候变暖背景下,黔江夏季酷暑天气没有增加,而严寒天气更趋减少。黔江日最高气温≥35℃的年均高温日数为7天,仅占全年的2‰;2006—2014年期间,年平均35℃以上高温时数约34小时,仅占高温日总时数的7%左右(见图2.6),且高温时数明显少于重庆主城的252小时(见图2.7)。黔江日最低气温≤0℃日数年均13天,仅占全年的4‰(见图2.8)。

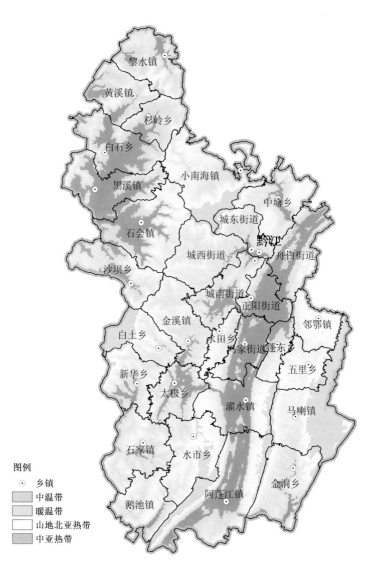

图 2.4　黔江垂直气候类型分布

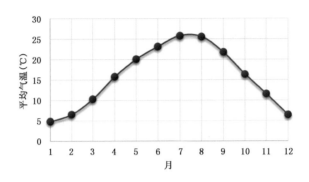

图 2.5 黔江各月平均气温变化

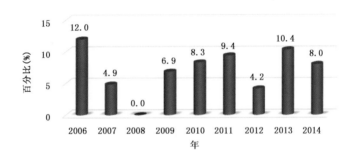

图 2.6 2006—2014 年黔江高温时数占高温日总时数百分比

图 2.7 2006—2014 年黔江与主城 35℃以上高温时数对比

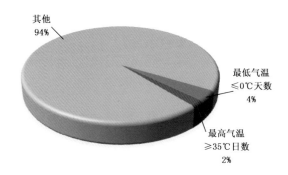

图 2.8 黔江常年高温及低温所占日数的百分比

黔江四季分明,一般在 3 月上旬气温超过 10℃,正式进入春季,春季长约 82 天,平均气温为 15.4℃;一般在 6 月上旬入夏,长约 102 天,平均气温为 24.9℃;一般在 9 月上旬进入秋季,气温开始逐步走低,秋季长约 77 天,平均气温为 16.6℃;正式进入冬季一般在 11 月下旬,长约 105 天,平均气温约为 6.0℃。

2.1.2 降水丰沛,生机勃勃

黔江城区所在地年平均降水量为 1172.6 毫米,夏季(522.9 毫米)占全年的 44.6%;常年降水日数为 159 天,春季(45.6 天)最多,占全年的 28.8%;夏(44.7 天)、秋(37.1 天)季次之,分别各占全年的 28.2%、23.4%;冬季(31.1 天)最少,占全年的 19.6%。

古有"巴山夜雨涨秋池"这样唯美的诗句,位于武陵山区的黔江地区也多夜雨。在夏季,夜雨不但可以滋养植物,还可以降温除尘,使空气变得更加清新怡人,同时也利于人们白天的旅游出行。黔江年平均夜雨量为 606.7 毫米,占年降水量的 51.7%,比白天降水多102 毫米。夏季夜雨量(257.2 毫米)最大,约占年夜雨总量的42.2%。各月夜雨量占月总降水量比例都超过 45%,其中 1—4 月高达 56%~62%(见图 2.9)。黔江年平均夜雨日数 102 天,接近白天降水日数 112 天。春季(31 天)相对较多,夏季(27 天)、秋季(25

天)略少,冬季(19 天)最少。从月夜雨日数分布来看,大多数月份超过 7 天,其中 5 月有 11 天之多,在 5 月中旬前后与 10 月上中旬各有两段明显的夜雨高发期(见图 2.10)。

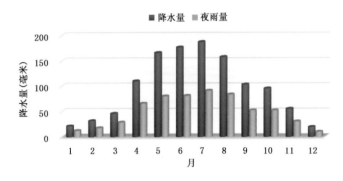

图 2.9 黔江各月平均降水量

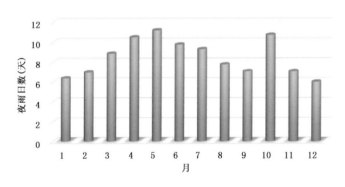

图 2.10 黔江各月平均夜雨日数

黔江年降水量大体呈东多西少分布,海拔在 500 米以下的河谷地带为 1100～1200 毫米,海拔在 500～900 米的低山地区为 1200～1400 毫米,海拔较高的中高山地区为 1400～1500 毫米(见图 2.11)。

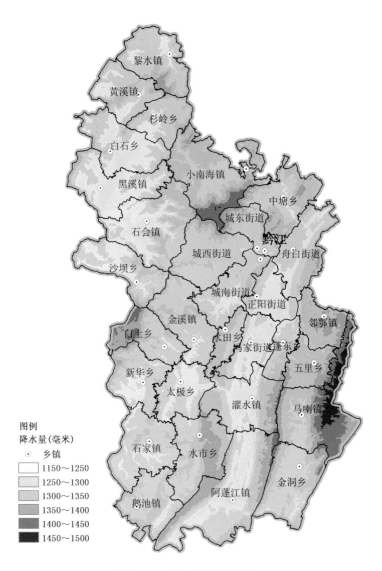

图 2.11　黔江年降水量分布

图例

降水量(毫米)

⊙　乡镇

1150～1250
1250～1300
1300～1350
1350～1400
1400～1450
1450～1500

水是生命之源,丰沛的降水使得黔江处处生机盎然。充沛的降水有效地滋润了森林、草地,也形成了众多的溪流、飞瀑、湖泊等自然景观(见图 2.12)。

图 2.12　黔江瀑布、小溪、湖泊

2.1.3　日照温和,云霞绚丽

　　黔江日照分布大体上由东南向西北逐渐减少,大部地区在 1050~1150 小时(见图 2.13),少于全国大部地区,但比渝东南大部地区和重庆主城多,比较温和。黔江城区常年日照时数 1077.9 小时,其中夏季 442.7 小时,春、秋季在 255 小时左右,冬季 124.2 小时。

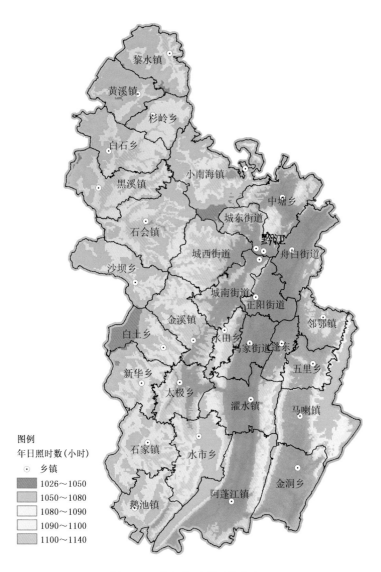

图例
年日照时数(小时)
⊙　乡镇
　1026～1050
　1050～1080
　1080～1090
　1090～1100
　1100～1140

图 2.13　黔江年日照时数分布

黔江年平均总云量在 7 成左右,比较适中,既可阻挡强烈的紫外线,又有利于欣赏云雾美景。若云量过多,则不利于远眺;而云量过少,则无云雾景色可赏且紫外线强烈。在黔江可于早间欣赏到云雾缭绕之人间仙境,朝阳初露,云蒸霞蔚,来到山顶,云雾散去,可极目远眺,美景尽收眼底,有"一览众山小"之气概;傍晚来临,则可欣赏日落、晚霞之盛景。

2.1.4 湿度适中,气候湿润

黔江的相对湿度高于全国大部分地区,年、季和月平均相对湿度都非常适宜。温和、湿润的气候对人体和动植物都十分有益。

黔江常年平均相对湿度为 79%,秋季(81%)略高,夏、冬季(79%)次之,春季(78%)略低。2—4 月与 8—9 月相对较小,在 77%～78%;10—11 月较大,在 81%～82%。

2.1.5 轻风徐徐,心旷神怡

黔江年与四季平均风速都在 0.6～0.9 米/秒。常年平均风速0.8 米/秒,春季(0.9 米/秒)略大,冬、夏季(0.8 米/秒)次之,秋季风速较小,为 0.6 米/秒,冬季少凛冽寒风,夏季凉风习习,令人心情舒畅。

2.1.6 气压适宜,氧气充足

气压主要是通过氧分压影响人体。随着海拔高度的上升,空气变得稀薄,氧分压也随之降低,到一定高度后就会因缺氧而使人体产生不适。根据测量,在海平面的氧分压为 212 百帕,到海拔 3000米就只有 146 百帕,减少了 31%。长期生活在平原地区的人一般只能适应 20%氧分压的减少,超过此值就会引起明显的不适。

黔江常年平均气压为 945.6 百帕,最高 946.4 百帕(1989 年),最低 940.6 百帕(2013 年),黔江的气压非常适宜人类居住及旅游。从季节变化来看,秋(947.9 百帕)、冬(951.3 百帕)季气压较高,春(943.5 百帕)、夏(936.7 百帕)季略低。全年中 1、11、12 月较高,超

过 950 百帕,最高值出现在 12 月(952.7 百帕),7 月出现最低值
(935.3 百帕)。

2.1.7　灾害较少,安全性高

气象灾害不仅对旅游资源产生破坏,还会妨碍旅游活动的顺利
进行,甚至会影响到游客的身心健康和生命财产安全。黔江灾害性
天气发生频率低,对旅游活动比较有利。

高温是夏季对人们旅游活动不利的天气状态。气温为 24℃ 时
是人体感觉最舒适的温度。随着气温的升高,人体逐渐感觉不舒
适,当日最高气温＞30℃ 时,人体感觉不太舒适,当日最高气温≥
35℃ 时,可引起部分旅游者中暑,形成旅游灾害天气。当日最高气
温≥37℃ 时,应当停止旅游活动,否则,将引起更多游客中暑,危及
旅游者的生命。黔江 35℃ 以上高温日数年均 7 天,37℃ 以上高温日
数 0.9 天,主要出现在 7、8 月(见图 2.14),1951 年以来没有出现过
40℃ 以上高温天气。

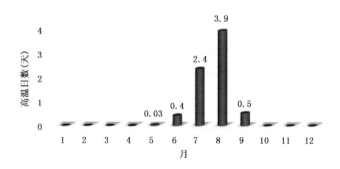

图 2.14　黔江各月≥35℃高温日数

暴雨不仅容易引发山洪,还会诱发泥石流、崩塌、滑坡等次生灾
害,给旅游造成重大损失。黔江 50 毫米以上暴雨日数年均 2.7 天,
是周边 300 千米范围内相对较少的地区(见图 2.16)。黔江 100 毫
米以上大暴雨日数年均 0.3 天,仅在 1982 年出现了一次 250 毫米以

上的特大暴雨。暴雨主要出现在夏季6—8月,最多的8月也仅有0.7天(见图2.15)。黔江50毫米以上暴雨强度均值为74.2毫米/天,是周边300千米范围内相对较弱的地区(见图2.16)。

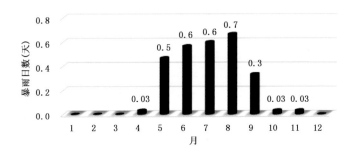

图2.15 黔江各月暴雨日数

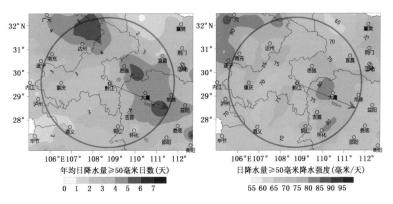

图2.16 黔江邻近地区年暴雨以上日数及强度分布

雷暴、大风、冰雹也是对旅游不利的气象因素。黔江年均雷暴日数约38.5天,主要出现在4—8月,7—8月约8天,4—6月在5天左右(见图2.17)。大风和冰雹日数很少,年均不足1天(见图2.18、2.19)。

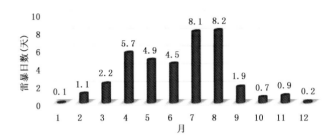

图 2.17 黔江各月雷暴日数

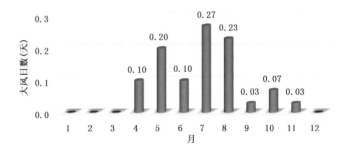

图 2.18 黔江各月大风日数

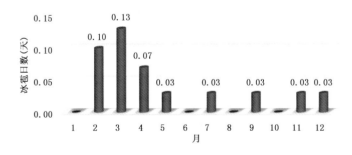

图 2.19 黔江各月冰雹日数

2.1.8 气象景观,多姿多彩

黔江独特的山地立体气候条件,使得气象景观丰富多样,不同的季节、不同的高度、不同的视角、不同的位置,可以看到不同的天空颜色,纵览云海、霞光、曙光、暮光、彩虹、烟雨、积雪、冰凌、雾凇、雨凇等气象美景。

▲ 暮光

▲ 云海

黔江的雪

华美冰凌

2.2　气候优势

　　气候条件是影响动植物分布的重要因素，也是影响人们生活与旅游的关键因素。黔江因具有清凉的气候特点，入选了亚太环境保护协会等联合发布的"2014 年中国避暑旅游城市榜"50 佳。

2.2.1 夏季凉爽舒适

避暑旅游的本质就是在凉爽舒适气候条件下的旅游行为,因此,具备消夏纳凉的气候条件是避暑旅游的最基本条件和首要原则。气象要素中气温对人体生理反应影响最大,人体正常温度在37℃左右,新陈代谢所产生的热量,必须以一定的速度向外发散。若环境温度过高,则热量不能发散聚积在体内,人会感觉非常难受;而当环境温度过低时,热量发散太快,超过了人体正常散热的速度,人体又会感觉寒冷。根据国内外的实验,夏季人们感到最舒适的气温是24℃。

黔江夏季的平均气温为24.9℃,接近人体感觉最舒适气温,与邻近城市及同纬度城市相比,和雅安、成都夏季平均气温相当,较西安、郑州、南京、上海、合肥、重庆主城区、杭州、长沙、武汉和南昌等地偏低1~3℃,具有一定优势。

表2.2 黔江与近纬度及邻近城市的夏季平均气温对比(单位:℃)

地点	气温	城市	气温	城市	气温
贵阳	22.9	郑州	26.3	杭州	27.3
雅安	24.6	南京	26.8	长沙	27.8
成都	24.7	上海	27.1	武汉	27.9
黔江	24.9	合肥	27.1	南昌	28.1
西安	25.8	重庆主城区	27.3		

黔江是周边300千米范围内高温天气相对较少的地区(见图2.20),高温时数明显少于重庆其他大部地区(见图2.21)。

地处武陵山区的黔江,年平均高温日数7天,比西安、武汉、南昌、长沙、杭州、重庆主城区等地少10天以上;年平均37℃以上的高温日数仅1天,比南京、合肥、郑州、上海、西安、武汉、南昌、长沙、杭州、重庆主城区等地偏少。黔江历史上未出现过40℃以上高温天气(见表2.3)。

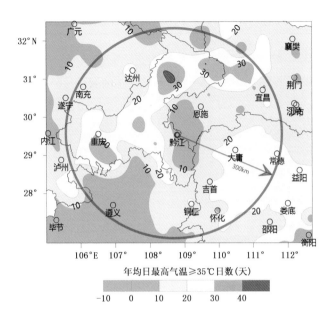

年均日最高气温≥35℃日数(天)

-10　　0　　10　　20　　30　　40

图 2.20　黔江邻近地区年 35℃以上高温日数分布

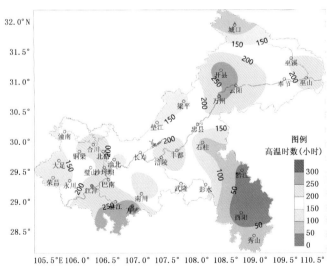

图例

高温时数(小时)

300
250
200
150
100
50
0

图 2.21　重庆地区年≥35℃高温时数分布

黔江·中国 清新清凉峡谷城

表 2.3　黔江与近纬度及邻近城市高温日数比较(单位:天)

地点	≥35℃高温日数		≥37℃高温日数	
	年	夏季	年	夏季
贵阳	0	0	0	0
成都	1	1	0	0
雅安	2	2	0	0
黔江	7	7	1	1
南京	14	13	3	2
合肥	14	13	3	3
郑州	14	13	4	3
上海	15	15	4	4
西安	21	19	7	7
武汉	21	20	4	4
南昌	24	22	6	5
长沙	26	24	7	6
杭州	27	26	9	8
重庆主城区	30	26	12	11

　　人体感觉舒适与否除了与温度有关外,还与湿度等有密切关联。在夏季,温度和湿度是人体舒适与否的主要影响因子。气温的改变直接影响到人体内热量的散发快慢,相对湿度的高低则决定了人体的热代谢和水盐代谢速度。因此,下面将选择温湿指数来计算黔江和所选城市的夏季人体舒适度。当温湿指数等级为4~7级时,气候适宜性为舒适,1~3为冷不舒适,8~9为热不舒适(见表2.4)。

　　温湿指数是通过温度和湿度综合反映人体与周围环境的热量交换。相关研究也表明,影响人体舒适程度的气象因素,首先是气温,其次是相对湿度,最后就是风向风速等。温湿指数的计算公式为:

$$HI = (1.8T + 32) - 0.55(1 - RH)(1.8T - 26)$$

式中 T 为气温,℃;RH 为相对湿度,%,计算时以分数表示50%则以0.5代入;HI,无量纲,HI 值在60~70范围内大部分人感觉舒适。

表 2.4 温湿指数生理气候分级标准

温湿指数（HI）		等级
指数范围	人体感觉程度	
＜40	极冷,极不舒适	1
40～45	寒冷,不舒适	2
46～55	偏冷,较不舒适	3
56～60	清凉,舒适	4
61～65	凉,非常舒适	5
66～70	暖,舒适	6
71～75	偏热,较舒适	7
76～80	闷热,不舒适	8
＞80	极闷热,极不舒适	9

利用 4—10 月温湿指数计算结果表明,黔江 4—6 月、8—10 月人体感觉比较舒适,仅在 7 月人体略感闷热不舒适,与雅安、成都很接近。黔江 4—10 月期间人体感觉最舒适的月份是 4、5、9 和 10 月,6、8 月人体感觉较为舒适。从黔江与邻近及近纬度城市 4—10 月逐月舒适指数对比可以看出,黔江舒适月份和成都、西安、雅安接近,只在 7 月较贵阳略偏热,4—10 月人体舒适程度较重庆主城区、杭州、上海、南京、合肥、郑州、南昌、长沙和武汉等地更佳(表 2.5),是避暑旅游好去处。

表 2.5 黔江与近纬度及邻近城市 4—10 月逐月舒适指数比较

地点	4 月	5 月	6 月	7 月	8 月	9 月	10 月
雅安	62	68	72	75	74	69	62
贵阳	60	66	70	72	72	67	60
黔江	60	67	72	76	75	70	61
成都	62	68	73	76	74	70	62
西安	59	67	73	76	74	67	58
重庆主城区	64	71	75	79	79	73	65

续表

地点	4 月	5 月	6 月	7 月	8 月	9 月	10 月
杭州	61	69	74	80	80	73	65
上海	59	67	74	80	80	74	66
南京	60	68	74	80	79	72	63
合肥	61	69	75	80	79	72	62
郑州	60	68	74	78	76	68	60
南昌	63	71	76	81	81	75	66
长沙	63	70	76	81	80	73	64
武汉	62	70	76	81	80	73	64

从 2006—2015 年这 10 年的夏季(6—8 月)舒适日数逐年演变来看,舒适日数呈显著的上升趋势,上升速率为 34 天/10 年,2015 年夏季舒适日数达到 80 天(图 2.22)。

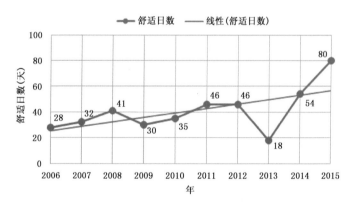

图 2.22 2006—2015 年黔江夏季舒适日数逐年演变

2.2.2 全年舒适期长

综合舒适指数可以从一定程度上反映旅游气候舒适期长度。综合舒适度指数是结合温度、湿度、风等气象要素对人体综合作用,表征人体在大气环境中舒适与否,提示人们可以根据天气的变化来调节自身生理及适应冷暖环境,防范天气冷热突变的指数。便于人们了解在多变的天气条件下身体的舒适程度,预防由某些天气造成的人体不舒适而导致的疾病等。综合舒适度指数共分为 9 级,级数越高,气象条件对人体舒适感的影响越大,舒适感越差。

舒适度指数计算公式:

$$BCMI = (1.818T + 18.18)(0.88 + 0.002RH) + \frac{T-32}{45-T} - 3.2\sqrt{V} + 3.2$$

式中 $BCMI$ 为人体舒适度指数,无量纲;T 为日最高气温,℃;RH 为日平均相对湿度,%;V 为日平均风速,米/秒。

人体舒适度指数的等级划分按照中国气象局规定的统一标准,采用 9 级分类法(见表 2.6)。级别的绝对值越大,则人感觉越不舒适;绝对值越小,则人感觉越舒适。参考国际旅游界的标准并根据实际情况将逐日舒适度指数在 41~75(级别 3~6 级)的日数定义为比较适宜旅游或居住的舒适范围,其中 4~6 级定义为旅游或居住最舒适范围。

表 2.6　人体舒适度指数等级划分

舒适度指数	级别	感觉
>85	9 级	炎热,人体感觉极不舒适
81~85	8 级	热,感觉很不舒适,容易过度出汗
76~80	7 级	暖,人感觉不舒适,容易出汗
71~75	6 级	温暖,人感觉较舒适,轻度出汗
61~70	5 级	舒适
51~60	4 级	凉爽,人感觉较舒适
41~50	3 级	凉,人感觉不舒适
20~40	2 级	冷,人感觉很不舒适,体温稍有下降
<20	1 级	寒冷,人感觉极不舒适,冷得发抖

从逐月综合舒适度指数可以看出(表 2.7),黔江 3—12 月人体舒适度指数在 41~75,气候较为舒适,是开展旅游活动的适宜时期。

黔江年舒适月份长达 10 个月,与雅安、成都相当,年舒适期较西安、上海、武汉、南昌、南京、长沙、合肥、杭州、郑州和重庆主城区等地更长。

表 2.7　1981—2010 年黔江与邻近及近纬度城市逐月舒适度指数比较

地点	1	2	3	4	5	6	7	8	9	10	11	12
贵阳	33	37	46	55	62	66	70	70	64	55	47	37
雅安	37	41	48	58	66	70	74	74	66	57	49	39
成都	36	41	48	59	67	71	75	75	67	58	49	39
黔江	35	38	46	58	67	72	75	75	70	59	49	41
重庆主城区	38	42	51	61	69	74	80	80	71	60	51	40
上海	32	35	42	54	64	70	79	78	70	60	50	38
合肥	29	33	42	55	65	71	78	77	69	59	46	34
南京	30	34	43	55	65	72	78	77	69	60	48	35
杭州	32	36	44	56	66	72	80	79	70	61	50	38
武汉	33	38	46	59	68	75	80	79	71	61	50	38
郑州	27	33	42	56	66	75	77	75	68	57	43	30
南昌	33	38	46	58	68	74	81	80	72	61	50	39
长沙	33	37	46	58	68	74	80	79	71	61	50	39
西安	26	33	43	56	66	74	77	74	66	54	41	29

　　从黔江舒适日数年际变化来看,1981—2014 年黔江年舒适日数呈明显的上升趋势,上升速率为 2 天/10 年。舒适日数最多的年份是 1993 年,年舒适日数多达 291 天。3—11 月舒适日数 234 天,年际变化呈微弱的上升趋势,上升速率为 0.4 天/10 年(见图 2.23)。

　　从舒适日数年代际变化来看,20 世纪 90 年代以及近 10 年(2005—2014)、近 4 年(2011—2014)黔江年舒适日数呈增加趋势,其中近 4 年的上升趋势最显著(见表 2.8)。

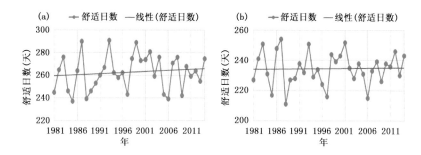

图 2.23　黔江年舒适日数(a)、3—11 月舒适日数(b)逐年演变

表 2.8　黔江年舒适日数逐年代变化

时段	年均舒适日数	变化趋势
1981—1990 年	256	减少
1991—2000 年	268	增加
2001—2010 年	263	减少
2011—2014 年	263	增加

2.2.3　海拔高度适宜

海拔高度是影响人体健康的重要因素,研究表明,人体适宜的海拔高度在 500～1500 米。海拔高度低于 500 米的地区气压较高,空气密度较大,比较湿热,给人体机能带来较重的负担;而海拔高度过高所伴随的低压、低氧、低温和强紫外线同样会对人体生理产生很大影响。当海拔高度在 1500～2000 米时,人体机体有轻微缺氧表现;海拔高度在 2000～3000 米为不损害健康的海拔高度范围,部分人有轻度反应;医学上通常也把海拔 3000 米以上的高原称为医学高原,定义为人的反应临界高度;高于 3000 米为比较损害健康的海拔高度。黔江区海拔处于人体适宜的范围内,区域内海拔 500～1400 米的地区占幅员面积 90.92%,海拔 1400 米以上地区占幅员面积的 4.04%,1000～1400 米地区占 17.18%,700～1000 米地区占

59.29%，500～700米地区占14.45%，500米以下地区占5.04%，最高峰为东南侧的灰千梁子顶峰，海拔1938.5米。因此，黔江的海拔高度非常适宜（表2.9）。

表2.9　黔江与近纬度及邻近城市的海拔高度比较（单位：米）

城市	海拔高度	城市	海拔高度	城市	海拔高度
上海	7.0	南昌	45.7	成都	506.1
南京	7.1	长沙	45.7	黔江	607.0
武汉	23.1	郑州	110.4	雅安	627.6
合肥	36.5	重庆主城区	259.1	贵阳	1223.8
杭州	41.7	西安	397.5		

2.2.4　四季微风宜人

　　风作用于人的皮肤，对人体体温起着调节作用，决定着人体的散热。当气温低于人体皮肤温度时，风总是产生散热效果；当气温高于皮肤温度时，风可对人体起到加热和散热两个作用，风速加大，空气与人体之间的对流加强，使人体加热，同时气流使人体表面蒸发加大，从而提高了人体散热率。人体体温一般情况下稳定在37℃左右，静风或风速较小时，在人体和大自然空气之间，形成了一个比较稳定的过渡层。在气温低于人体温度情况下，当风速大的时候，人体周围的空气保温层便不断地被新来的冷空气所代替，并将热量带走。风速越大，人体散失的热量就越多，人也就感到越来越凉爽；相反，在气温高于人体温度的情况下，即使有风也不会感到凉爽。风可以影响人体的热代谢，当气温较低时，风会加强传导和对流，使身体热量散失加快，人会感觉更冷。当气温较高时，热风还会升高皮肤的温度，并使汗腺蒸发加强，使水分大量丧失，体温调节发生障碍，容易使人中暑。风还会影响人的神经和精神活动：温和的风能使人精神焕发、心情舒畅；强烈的大风致人神经紧张、焦虑不安；由于呼气的速度需要大于迎面的风速，因此，强烈的风将增加人的能量消耗，使人处于不适状态。人体最适宜的风速在0.3米/秒左右，风速达到 1 米/秒起开始影响人的体温调节和主观感觉。黔江年平均风速 0.8 米/秒,四季风速在 0.6～0.9 米/秒,处于人体感觉舒适的风速范围,与近纬度及邻近城市相比,优势明显(表 2.10)。

表 2.10　黔江与近纬度及邻近城市风速比较(单位:米/秒)

城市	年	春季	夏季	秋季	冬季
黔江	0.8	0.9	0.8	0.6	0.8
成都	1.2	1.4	1.4	1.1	1.0
雅安	1.3	1.5	1.6	1.1	1.0
重庆主城区	1.4	1.5	1.5	1.2	1.2
武汉	1.5	1.6	1.6	1.4	1.3
西安	1.6	1.8	1.8	1.4	1.4
南昌	2.1	2.0	2.0	2.2	2.1
杭州	2.1	2.2	2.2	2.0	2.1
长沙	2.2	2.2	2.2	2.1	2.2
贵阳	2.3	2.5	2.2	2.3	2.3
郑州	2.3	2.7	2.1	1.9	2.3
上海	2.3	2.4	2.4	2.1	2.1
南京	2.3	2.6	2.4	2.1	2.2
合肥	2.8	3.1	2.9	2.5	2.6

第 3 章

黔江的生态环境

　　黔江得天独厚的生态环境源于独特的气候和地理环境。黔
江区被纳入渝东南生态保护发展区中的重点开发区,该区域是国
家重点生态功能区与重点生物多样性保护区,武陵山绿色经济发
展高地、重要生态屏障、民俗文化生态旅游带和扶贫开发示范区,
同时也是全市少数民族聚居地。黔江区内动植物种类繁多,生物
多样性特征非常突出,森林资源丰富,森林覆盖率达 56%,高于重
庆主城区约 13%。2012 年黔江区被重庆市绿化委员会授予"市
级森林城市"称号;2012 年还被联合国环境基金会等评为"绿色中
国·杰出绿色生态城市"。优质的生态造就了黔江优良的自然环
境,这里空气清新,水、声环境质量优良。

3.1　生态资源丰富

3.1.1　植物资源多样

　　特殊的气候和地理环境造就了黔江天然的植物园和物种基因库,孕育了丰富的生物物种,保存了大量的珍稀濒危物种。黔江属渝东南湿润森林植被区,属亚热带常绿阔叶林,植物种类多,垂直分布明显,具有起源古老、种类丰富和特有种属多的特点。

　　黔江地区海拔高度差约 1600 米,不同的海拔高度形成了不同的垂直气候带类型(见图 3.1)。该区域植被分布垂直带谱差异较为明显,自下而上分别为常绿阔叶林带、山地常绿落叶阔叶林带和山地暗针叶林带。局地气候的差异也使得区域内植被类型多样,主要有温性针叶林、暖性针叶林、落叶阔叶林、常绿阔叶林、竹林、灌丛、草甸等。

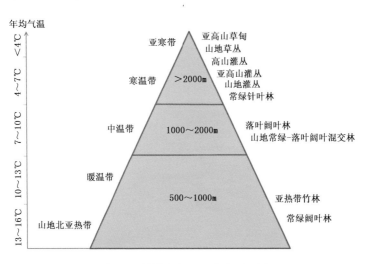

图 3.1　植被与气温—高度示意图

山间谷地

湿地

半山农田

森林

竹林

草甸

　　黔江高等维管束植物共有 185 科、729 属、1658 种,包括蕨类植物、裸子植物、双子叶植物、单子叶植物。红豆杉、水杉树、珙桐、中华蚁母、黄杉、岩柏、银杏、铁坚杉、三尖杉、柳杉、薄皮马尾松、厚朴、白花泡桐等都是国家珍稀植物(见表 3.1)。

　　黔江有国家重点保护野生植物 33 种,其中一级 6 种,二级 27 种(见表 3.2)。

表 3.1　黔江植物种类科属种分类

植物名称		科	属	种
高等维管束植物	蕨类植物	36	64	170
	裸子植物	6	13	17
	双子叶植物	123	528	1267
	单子叶植物	20	124	204
	合计	185	729	1658

表 3.2　黔江国家重点野生保护植物分类

国家重点野生保护植物	种类数量	种类名称
一级	6	红豆杉、南方红豆杉、水杉、珙桐、光叶珙桐、银杏
二级	27	华东黄杉、白豆杉、杜仲、鹅掌楸、水青树、红椿、毛红椿、黄杉、领春木、白辛树、天麻、黄连、八角莲、野大豆、红豆树、厚朴、喜树、香樟、绞股蓝、穿龙薯蓣、盾叶薯蓣、川黄檗、五味子、核桃、金荞麦、中华猕猴桃、马蹄芹

▲ 武陵仙山的红豆杉古树

红豆杉号称国宝植物，是国家一级保护植物，是世界上公认濒临灭绝的天然珍稀抗癌植物，是经过了第四纪冰川遗留下来的古老孑遗树种，在地球上已有 250 万年的历史。红豆杉具有喜荫、耐旱、抗寒的特点，性喜凉爽湿润气候，抗寒性强，最适合种植的温度 20～25℃，属阴性树种。黔江有一个天然生长的红豆杉群落,分布面积达 5 平方千米,达数万株,单株最大胸径 80 厘米,最老的树龄可能在 600 年左右,是重庆市最大的一颗红豆杉。黔江区林业局已将该植物群落列为重点保护对象。

水杉是国家一级保护植物,被称为植物王国的"活化石",20 世纪 40 年代在湖北省利川市被发现。水杉喜气候温暖湿润,夏季凉爽,冬季有雪而不严寒的地区,喜光,不耐贫瘠和干旱。1976 年,黔江区从利川引种,在八面山栽培了 22.5 亩 * 共 6000 余株,已全部成林。

黔江八面山的"活化石"水杉林

国家一级保护植物珙桐是中国特有的单属植物,是全世界著名的观赏植物。它是距今 6000 万年前新生代第三纪古热带植物区系的孑遗种,有"植物活化石"之称,因其花形酷似展翅飞翔的白鸽而被西方植物学家命名为"中国鸽子树"。珙桐,春末夏初开花,从初开到凋谢色彩多变,一树之花,次第开放,异彩纷呈,人们称赞它为"一树奇花"。珙桐的生长气候为凉爽湿润型,在湿潮多雨、夏无酷暑、冬无严寒、年平均气温在 8.9～15℃、年降水量 600～2600.9 毫

*　注:1 亩＝0.0667 公顷

米的地区广泛生长。在黔江的灰千梁子原始森林中发现有许多珍贵的珙桐古树。

🔺 黔江灰千梁子的珙桐古树

3.1.2 森林覆盖率高

森林覆盖率是反映一个国家或地区森林面积占有情况或森林资源丰富程度及现实绿化程度的关键指标。由于自然禀赋优良和黔江区委、区政府长期以来严格坚持的生态保护政策,黔江区森林资源丰富。截至 2015 年底,黔江全区森林覆盖率为 56%,是全国森林覆盖率(21.63%)的 2.5 倍多,比长江上游(24.7%)和长江流域地区(34.4%)还要高不少,森林覆盖率优势显著。

建成区绿化覆盖率 2014 年黔江达到 43.50%,比全国(39.7%)高 3.8%,与贵阳(43.50%)持平,略低于合肥(45.20%),比其他同纬度及邻近城市都高。黔江人均公园绿地面积 17.38 平方米,明显高于全国城市人均公园绿地面积 12.64 平方米,略低于长沙(18.80平方米),比贵阳、成都、武汉、南京等同纬度城市都高(图 3.2)。

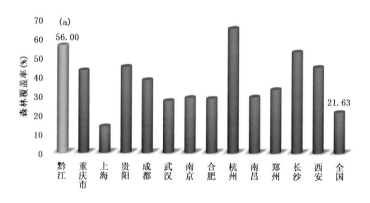

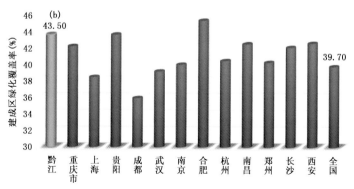

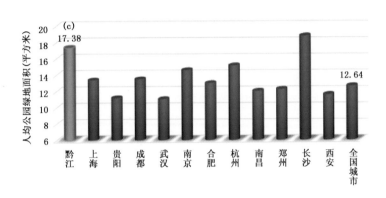

图 3.2 2014 年森林覆盖率(a)、建成区绿化覆盖率(b)和
人均公园绿地面积(c)对比

黔江林地面积大且类型多样。黔江区总土地面积 239733.3 公顷,其中林地面积 149554.9 公顷,占全区土地总面积的 62.4%;非林地面积 90145.1 公顷,占 37.6%。林地按地类分:有林地面积为 99455.5 公顷,占林地面积的 66.5%;疏林地 1206.4 公顷,占 0.81%;灌木林 40304.5 公顷,占 26.95%;未成林地 1906.0 公顷,占 1.27%;苗圃地 22.8 公顷,占 0.02%;无立木林地 356.9 公顷,占 0.24%;宜林地 6302.9 公顷,占 4.21%。按照主导功能的不同将森林资源分为生态公益林和商品林两类。全区共区划生态公益林 87945.44 公顷,占林地面积的 58.8%;商品林 61609.42 公顷,占 41.2%(见图 3.3)。

天然林是经过自然选择和长期自然演替,达到或将达到顶极的生物群落,是一种最佳平衡,对周围环境完全适应的生态森林。天然林的生物链条完整独立,物种的分布立体而丰富,有较强的自我恢复的能力,物种的多样化程度极高,对环境及气候起到了巨大的作用。森林资源中天然林比重越大,森林生态效益发挥越好,森林质量越高。黔江区有林地中天然林面积为 85533.7 公顷,占林地面积 57.2%,蓄积 7952667 立方米;人工林面积 13921.8 公顷,占林地面积 9.3%,蓄积 663184 立方米。天然林是森林资源的主体。黔江

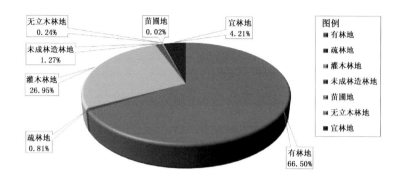

图 3.3　黔江林地分地类面积结构

区以马尾松、杉木、柏木为主的针叶林资源丰富,其针叶林、阔叶林及针阔混交林的面积比例为 77∶11∶12,蓄积比例为 82∶6∶12。

3.1.3　野生动物繁多

黔江优越的自然条件,为野生动物提供了良好的栖息环境,孕育了丰富的野生动物资源。目前,已发现野生脊椎动物共有 302 种,分别隶属于 4 纲、28 目、76 科、207 属,4 纲包括两栖纲、爬行纲、鸟纲(鸟类)、哺乳纲(见表 3.3)。

表 3.3　黔江野生脊椎动物纲类分类

野生脊椎动物纲类	目	科	属	种
两栖纲	2	8	16	22
爬行纲	3	8	22	29
鸟纲(鸟类)	15	37	121	190
哺乳纲	8	23	48	61

黔江区有云豹、豹、黔金丝猴、林麝、蟒、金雕 6 种国家一级保护动物,二级保护动物包括哺乳类、鸟类、两栖类共 33 种,其中哺乳类有猕猴、藏酋猴、豺、黄喉貂等;鸟类有黑耳鸢、苍鹰、雀鹰等;两栖类有大鲵、虎纹蛙(见表 3.4)。

表 3.4　黔江国家级保护动物分类

国家级保护动物分类	种类		动物名称
一级	哺乳类	4	云豹、豹、黔金丝猴、林麝
	爬行类	1	蟒
	鸟类	1	金雕
二级	哺乳类	11	猕猴、藏酋猴、豺、黄喉貂、水獭、大灵猫、小灵猫、金猫、鬣羚（苏门羚）、斑羚、穿山甲
	鸟类	20	黑耳鸢、苍鹰、雀鹰、松雀鹰、普通鵟、白尾鹞、红脚隼、红隼、红腹锦鸡、勺鸡、白冠长尾雉、红腹角雉、红翅绿鸠、领角鸮、斑头鸺鹠、鹰鸮、灰林鸮、短耳鸮、鸳鸯、棕背田鸡
	两栖类	2	大鲵、虎纹蛙

　　云豹是国家一级重点保护野生动物，拥有"小剑齿虎"之称，栖息于垂直高度可达海拔 1600～3000 米的亚热带和热带山地及丘陵常绿林中。在黔江的灰千梁子森林公园、八面山等地能找到云豹的身影，这些地方还有斑林狸、小灵猫、猕猴、红腹角雉等珍禽异兽。

　　黔金丝猴是中国特有物种。继大熊猫后，金丝猴被列为第二国宝，属于国家一级重点保护野生动物。肉红色的嘴唇是黔金丝猴区别于其他金丝猴的最显著特征。在黔江的灰千梁子森林公园、仰头山森林公园等地发现有黔金丝猴的身影。

　　黔江也是重庆市珍稀鸟类鱼类资源较为丰富的地域之一。在黔江区城市峡谷景区黔江河与阿蓬江交汇处发现了国家级保护动物—赤麻鸭，与白鹭、苍鹭、鸳鸯等野生动物，形成了一个野鸟群。赤麻鸭为国家保护的有益或者有重要经济、科学研究价值的陆生野生动物，与白鹭、苍鹭、鸳鸯均被列为《世界自然保护联盟 2012 年濒危物种红色名录》。其身为黄棕色，头为白色，嘴喙和脚爪均为黑色，翅膀展开后为黑白两色。目前，世界赤麻鸭种群数量约 3 万只，中国赤麻鸭的越冬种群数量仅为 2834 只。

云豹　　　　　　　黔金丝猴　　　　　　金猫

大灵猫　　　　　　水獭　　　　　　　　赤麻鸭

白鹭　　　　　　　黑耳鸢　　　　　　　白尾鹞

红腹锦鸡　　　　　鹰鸮　　　　　　　　大鲵

生活在武陵山国家森林公园的黑耳鸢,是国家二级保护动物,被列入《世界自然保护联盟2012年濒危物种红色名录》。黑耳鸢为鹰科齿鹰亚科的鸟类,体长约65厘米,体羽深褐色,尾略显分叉,腿爪灰白色有黑爪尖。一般栖息于开阔的平原、草地、荒原和低山丘陵地带,以小鸟、蛇、昆虫等动物性食物为食,是大自然中的清道夫。

3.1.4 湿地资源丰富

黔江河流湖库众多,湿地资源丰富。全区湿地总面积2693公顷,其中河流湿地2373公顷,湖泊湿地260公顷,人工湿地60公顷。阿蓬江国家湿地公园在黔江区域内长149千米,湿地面积1706.5公顷。

3.2 环境质量优良

时下雾霾困扰着全国很多城市,良好清新的空气已成为人们旅游出行的重要驱动力。黔江空气清新,水、声环境质量优良,有益于人们的身心健康。

3.2.1 空气质量优良

黔江空气质量一直处于优良状况,2011—2015年环境空气质量优良日数年平均为336天,优良率平均为92.1%。2015年,黔江区环境质量优良日数342天,优良日数比例为93.7%。5—9月是去黔江避暑纳凉的好季节,2015年5—9月的黔江城区环境空气质量优良率达99.36%,仅1天未达到优良标准(见表3.5)。

表3.5 黔江2015年5—9月环境空气质量

时间	优良率	优良日数	Ⅰ级(日数)	Ⅱ级(日数)
2015年5月	100.0%	31	10	21
2015年6月	100.0%	30	21	9
2015年7月	96.8%	30	23	7

续表

时间	优良率	优良日数	Ⅰ级（日数）	Ⅱ级（日数）
2015 年 8 月	100.0%	31	20	11
2015 年 9 月	100.0%	30	11	19

统计 2011—2015 年的资料发现,黔江环境空气质量总体较好,
PM_{10} 年日均值范围为 $0.080 \sim 0.086$ 毫克/米^3,SO_2 年日均值范围
为 $0.034 \sim 0.054$ 毫克/米^3,NO_2 年平均值范围为 $0.019 \sim 0.030$ 毫
克/米^3,均达到环境空气质量评价二级标准。2015 年据黔江跑马山
和区政府两个监测站数据表明,城区和近郊的 PM_{10} 均值都较低,4—
10 月基本都在空气质量"优"的范围之内(见图 3.4)。

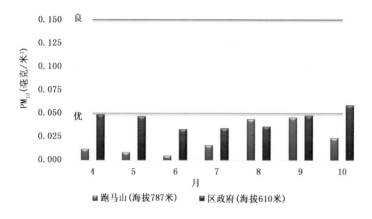

图 3.4　2015 年 4—10 月黔江两个监测站点 PM_{10} 均值

空气污染指数(Air Pollution Index,API)是将常规监测的几种
空气污染物浓度简化成为单一的概念型数值形式,分级表征空气污
染程度和空气质量状况。API 划分为 5 个等级,分别对应 7 个空
气质量级别(表 3.6)。API 分级计算参考的标准是《环境空气质量
标准》(GB 3095—1996),评价的污染物仅为 SO_2、NO_2 和 PM_{10} 这
3 项。

表 3.6 空气污染指数范围及相应的空气质量级别和状况

空气污染指数（API）	空气质量级别	空气质量状况
0～50	I	优
51～100	II	良
101～150	III 1	轻微污染
151～200	III 2	轻度污染
201～250	IV 1	中度污染
251～300	IV 2	中度重污染
＞300	V	重污染

注：环境空气质量评价，黔江使用《环境空气质量标准》（GB 3095—1996）；2013 年，113 个环境保护重点城市和国家环保模范城市将开始实施《环境空气质量标准》（GB 3095—2012）；2015 年，所有地级以上城市将开始实施；2016 年 1 月 1 日，将在全国实施新标准。

选取同纬度及邻近城市（上海、成都、武汉、南京、合肥、杭州、南昌、郑州等），使用《环境空气质量标准》（GB 3095—1996）比较近几年环境空气质量优良率（即环境空气污染指数 API 优良率），2010—2012 年黔江环境空气质量优良率 94.15%，与贵阳基本相当，高于重庆主城区、上海、成都、武汉、南京、合肥、杭州、南昌、郑州和西安等城市（见图 3.5）。

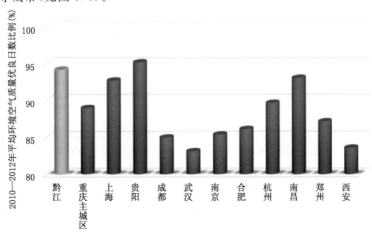

图 3.5 2010—2012 年环境空气质量优良日数平均比例

降尘又称"落尘",空气动力学中指当量直径大于 10 微米的固体颗粒物。降尘反映颗粒物的自然沉降量,用每月沉降于单位面积上颗粒物的重量表示(单位:吨/(千米²·月))。在空气中沉降较快,故不易吸入呼吸道。降尘是反映大气尘粒污染的主要指标之一。2013—2014 年黔江城区降尘年平均浓度为 4.66 吨/(千米²·月),比南昌、杭州、南京、武汉、成都、上海都偏低(见图 3.6)。

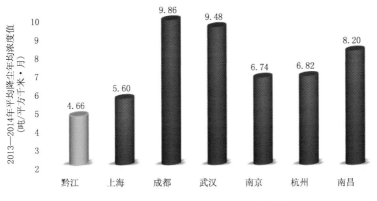

图 3.6 2013—2014 年平均降尘年均浓度

3.2.2 负氧离子丰富

空气负氧离子是一种带负电荷的空气微粒,它像食物中的维生素一样,对人的生命活动有着至关重要的影响,所以有人称其为"空气维生素",有的甚至认为空气负氧离子与长寿有关,称它为"长寿素"。负氧离子是评判空气新鲜度和当地人居环境质量的正向指标,是森林、湿地等自然生态系统的重要生态服务产品之一,与生态环境保护、民生生活质量密切相关,是各级政府和公众社会关注的热点之一。在 2013 年 9 月国家林业局发布的《推进生态文明建设规划纲要(2013—2020)》中,将空气中负氧离子含量作为生态文明建设的重要指标之一。通过负氧离子监测能很好地反映空气、人居环境质量和生态建设为社会提供生态产品的价值。

据黔江区负氧离子监测站 2015 年监测数据表明(见图 3.7),5

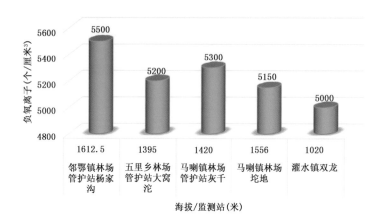

图 3.7　2015 年黔江负氧离子监测

个监测站监测的负氧离子均值都在 5000 个/厘米³ 以上。根据国家林业局 2016 年 1 正式发布的《空气负(氧)离子浓度观测技术规范》(LY/T 2586－2016)(见表 3.7),当空气负氧离子浓度≥3000 个/厘米³ 时,空气就达到 I 级即最优等级。据环境学家研究表明,空气中每立方厘米空气中的负氧离子数在 1000～10000 个时,人就会感到心平气和、平静安定。黔江主要景区森林覆盖率高,针叶植被丰茂,溪河众多,负氧离子丰富,空气清新,使人心旷神怡。黔江国家森林公园荣获 2015 年重庆市第一届"重庆最美森林氧吧"称号,目前正向国家积极申报 2016 年荣获"中国森林氧吧"称号。

表 3.7　空气负氧离子浓度等级划分表

等级	空气负氧离子浓度(n, 个/厘米³)	备注
I	$n \geqslant 3000$	优
II	$1200 \leqslant n < 3000$	
III	$500 \leqslant n < 1200$	
IV	$300 \leqslant n < 500$	
V	$100 \leqslant n < 300$	
VI	< 100	劣

3.2.3　水、声质量良好

黔江区 2007 年被国家发改委、水利部批准为"十一五"全国 100 个农村饮水安全工程示范县,经过创建实施、市级验收和水利部、国家发展改革委的审核后,2012 年获得了"全国农村饮水安全工程示范县"称号。

黔江城区三个城镇集中式饮用水源地(小南海、洞塘水库、城北水库)水质稳定,监测项目均满足《地表水环境质量标准》(GB 3838－2002)Ⅱ类标准,水质状况良好。

黔江区地表水阿蓬江流域水质为Ⅲ类,满足水域功能要求。全区 27 个乡镇 32 个饮用水源地进行监测,采用《地表水环境质量标准》(GB 3838－2002)Ⅲ类标准进行评价,评价结果表明,全区乡镇集中式生活饮用水源地水质满足水域功能要求的比例为 100%。

近几年,黔江城区声环境质量一直处于良好水平。2014 年,区域环境噪声等效声级范围为 47.5～68.8 分贝,平均等效声级为 56.6 分贝。城区道路交通噪声达标率为 100%,等效声级范围为 60.1～70.2 分贝,平均等效声级为 67.0 分贝。2011－2014 年区域环境噪声和道路交通噪声,黔江与同纬度及邻近城市中比较是最低的,声环境质量优良(见图 3.8)。

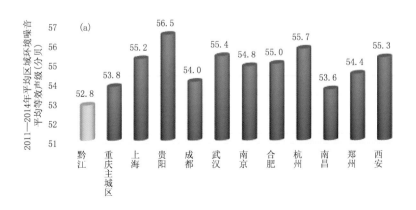

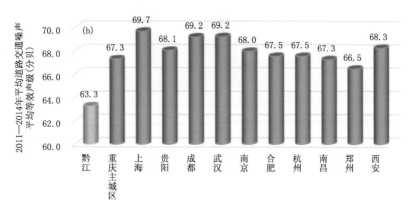

图 3.8 2011—2014 年平均区域环境(a)和道路交通(b)噪声平均等效声级

3.3 生态环境质量优

生态环境状况指数(Ecological Environment Index,EI)是指反映被评价区域生态环境质量状况的一系列指数的综合。根据《重庆市生态环境状况评价技术规范(试行)》,重庆市生态环境质量指数(EI)由六部分构成,分别为生物丰度指数、植被覆盖指数、水网密度指数、土地退化指数、环境质量指数、石漠化指数,计算公式为:

$EI=0.25\times$生物丰度指数$+0.25\times$植被覆盖指数$+0.2\times$水网密度指数$+0.075\times(100-$土地退化指数$)+0.15\times$环境质量指数$+0.075\times(100-$石漠化指数$)$

近年来,黔江区生态环境质量综合评价在重庆市名列前茅,2012 年生态环境质量综合评价指数为 66,级别为"优",在重庆市名列前茅(见表 3.10)。生态环境状况指数 EI 值从 2010—2011 年增加了 1.77,属于无明显变化,而从 2011—2012 年增加了 5.51,属于明显变化,即生态环境状况明显变好(见表 3.11)。

表 3.8　生态环境状况分级

级别	优	良	一般	较差	差
指数	$EI \geqslant 65$	$55 \leqslant EI < 65$	$35 \leqslant EI < 55$	$15 \leqslant EI < 35$	$EI < 15$
状态	植被覆盖度高,生物多样性丰富,生态系统稳定,最适合人类生存。	植被覆盖度较高,生物多样性较丰富,基本适合人类生存。	植被覆盖度中等,生物多样性一般水平,较适合人类生存,但有不适人类生存的制约性因子出现。	植被覆盖较差,严重干旱少雨,物种较少,存在着明显限制人类生存的因素。	条件较恶劣,人类生存环境恶劣。

表 3.9　生态环境状况变化度分级

级别	无明显变化	略有变化	明显变化	显著变化
变化值	$|\Delta EI| \leqslant 2$	$2 < |\Delta EI| \leqslant 5$	$5 < |\Delta EI| \leqslant 10$	$|\Delta EI| > 10$
描述	生态环境状况无明显变化。	如果 $2 < \Delta EI \leqslant 5$,则生态环境状况略微变好;如果 $-2 > \Delta EI \geqslant -5$,则生态环境状况略微变差。	如果 $5 < \Delta EI \leqslant 10$,则生态环境状况明显变好;如果 $-5 > \Delta EI \geqslant -10$,则生态环境状况明显变差。	如果 $\Delta EI > 10$,则生态环境状况显著变好;如果 $\Delta EI < -10$,则生态环境状况显著变差。

表 3.10　黔江生态环境质量评价

	2012 年(EI 值)	
生物丰度指数	56.51	
植被覆盖指数	99.15	66
水网密度指数	21.97	
土地退化指数	61.98	生态环境质量综合评价"优"
环境质量指数	98.48	
石漠化指数	31.67	

表 3.11 黔江区生态环境质量变化趋势

	EI 值	EI 变化值	变化情况
2010 年	58.78		
2011 年	60.55	↑ 1.77	无明显变化
2012 年	66.06	↑ 5.51	明显变化

此外,利用美国 NASA 地球科学数据网提供的 2000—2014 年 MODIS 1 千米分辨率逐月归一化差值植被指数(NDVI)产品,对黔江区植被覆盖度研究表明,黔江区 2000 年平均植被覆盖度为 63.96%,2014 年平均植被覆盖度达到 69.20%,植被覆盖度年变化率 0.38%(见图 3.9)。

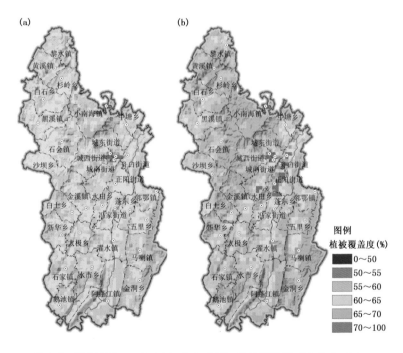

图 3.9 黔江区 2000 年(a)与 2014 年(b)植被覆盖度(%)分布对比

　　黔江生态环境质量优良,得益于区委、区政府对生态环境的高度重视。2014 年以来,黔江以蓝天、碧水、绿地、宁静、田园"环保五大行动"为载体,不断加强生态环境保护和污染治理,并着眼长远加强生态环保能力建设,已取得明显效果。"蓝天行动"——着力改善城区空气质量;"碧水行动"——着力加强重点流域水域污染防治;"绿地行动"——着力推进退耕还林和发展绿色产业;"宁静行动"——着力整治城区环境噪声;"田园行动"——着力加强农村面源污染治理。

　　2015 年 10 月,黔江区委、区政府召开黔江区创建"全国卫生区和国家文明城区"动员大会,黔江城市发展迈向新的征程。"两城同创"目标:2016 年完成创建"国家卫生区"达标验收,2017 年获得"国家卫生区"荣誉称号。2017 年成为"全国文明城市提名资格城区",2020 年成功创建为"全国文明城区"。

第 4 章

黔江的旅游资源

　　黔江旅游资源丰富,种类齐全。黔江的旅游资源包含了国家《旅游资源分类、调查和评价》(GB/T 18972—2003)中所有 8 个资源主类(即地文景观、水域风光、生物景观、天象与气候景观、遗址遗迹、建筑与设施、旅游商品、人文活动资源),共有旅游资源单体 300 多个,具备较大开发潜力的有 98 个,涵盖气候景观、地文景观、水域风光等 8 个大类、27 个亚类、64 个基本类型,旅游资源覆盖面广,类型丰富,利用价值高。黔江区目前拥有 13 个国家级旅游品牌:小南海国家级地震遗址保护区、小南海全国防震减灾科普宣传教育基地、小南海国家地质公园、小南海国家级水利风景区、小南海国家 4A 级旅游景区、蒲花暗河国家 4A 级旅游景区、濯水古镇国家 4A 级旅游景区、黔江国家森林公园、阿蓬江国家湿地公园、全国休闲农业与乡村旅游示范县——黔江、重庆·黔江·武陵山国际民俗文化旅游节、濯水国家历史文化名镇、中国少数民族特色村寨——小南海板夹溪十三寨;同时,小南海及阿蓬江大峡谷被评为“市级环保模范景区”,小南海还被评为“全市十佳景区”和“重庆新十景”、“重庆十大最美街道”、武陵山市级自然保护区、仰头山市级森林公园、“最美乡村好去处”等市级品牌。2015 年底,黔江区提出实施“旅游大区”战略,力争于 2017 年底濯水景区创建国家 5A 级旅游景区成功,2019 年城市峡谷景区创建国家 5A 级旅游景区成功,形成双峰并峙局面。

4.1　独特的峡谷美景

黔江自然风光神秘怡人,山雄水秀,植被葱郁。尤其是峡江峡谷美景,独具特色。

4.1.1　城市峡谷景区

峡谷并不稀罕,全国乃至世界各地遍布,但穿城而过的峡谷却很稀少,这就是黔江区城市峡谷景区的最大特色。黔江是中国乃至亚洲唯一的峡谷峡江之城,自然环境优美,空气清新。黔江城市峡谷景区好比是黔江中心城区的"肺叶",贯穿并连接了黔江老城新城,成为全国首个城市峡谷公园。峡谷公园年平均气温为 15.9℃,夏季平均气温为 25.4℃,最热月的气温为 26.5℃(见图 4.1)。受地形、海拔及以地下水为主的水体影响,谷内气温更低,感觉更为清凉。

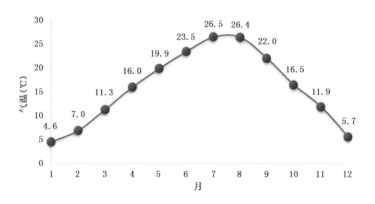

图 4.1　城市大峡谷逐月平均气温变化

阿蓬江经湖北入黔江倒流 250 千米,穿越武陵山脉,在黔江城区形成城市峡谷景观。峡谷全长 10 余千米,谷深平均 200 多米,最深处 500 米,峰高 600 多米,高差远超举世闻名深约 60 米的卢森堡大峡谷,总面积达 723 公顷。城市峡谷是典型的喀斯特地貌,是国内唯一横跨 7 个地质年代的大峡谷，基底既有震旦纪至白垩纪的沉淀，也有奥陶纪至第四纪的化石遗存，将山、洞、峡、瀑布、湿地、森林、地质奇观、佛教文化、土家风情融于一体，有七十八溪、峰峦峙、神仙建塔隔"夫妻"、古塔立孤峰、网状洞穴"博物馆"、"望治情殷"刻峭壁、天然山水成画廊等景点，自然和人文资源极为丰富。谷内森林植被茂密，溪流清澈见底，两岸悬崖绝壁，有可容纳约 300 人的天然溶洞，风景独特，风光旖旎。峡谷两旁，山峰似刀砍斧削，峡谷底部，黔江河水潺潺流淌，形成了"城在峡谷上，峡谷城中央"的"峡谷峡江之城"景观。这样气势恢宏的城中峡谷，在世界上首屈一指。峡谷使得黔江城成为独具魅力的山水之城，城与景相结合，气势宏

城市大峡谷风光

城市大峡谷夜景

大,登高远眺,恰似一条绿色丝绦,将老城新城缝合在一起,绘就一幅名副其实的"城即景、景即城"的水墨丹青。不需要出城,在城市中就能让人领略到大峡谷、大峡江、大溶洞这些景色的魅力。

城在峡谷上

4.1.2　阿蓬江大峡谷

阿蓬江,发源于湖北利川县,经黔江至西阳龚滩注入乌江,全长249 千米,为乌江第一大支流,是国内罕见的自东向西流的较大河流。江水冲破崇山峻岭,一泻千里,山高谷深,绝壁对峙,形成独特的江谷风光。阿蓬江湿地公园土地面积为 2785.2 公顷,黔江区范围内共 2519 公顷,其中湿地面积为 1706.5 公顷。湿地生态系统完整性好,以河流湿地为主,在中国西南地区河流湿地中具有一定的典型性。湿地内大鲵、水獭等珍稀动植物较多,多处可见中国特有的植物——中华蚊母群落。

俯瞰阿蓬江

阿蓬江大峡谷

阿蓬江下游形成原始幽深的峡谷峡江——阿蓬江大峡谷。全长40余千米,峡谷融古、深、长、曲、幽、险、神、奇为一身,集山、水、石、竹、林于一体;富显诗情画意,是舞文的书斋,挥毫的画卷,科考的温床。

4.1.3 官渡峡

官渡峡位于阿蓬江中段,临近城市东边,因古驿道从这里船渡过江而得名,峡谷全长15千米。因其水美、峡美,有崖棺、佛像,自然景观和人文景观都较为集中,故可谓"不是三峡,胜似三峡"。

在官渡河大桥下,乘船溯江而上,只一里许,便入峡。峡谷两岸,悬崖百丈,峭壁摩天。抬头蓝天一线,低头绿水一泓。愈往里走，峡愈深。船工时而用篙竿上的铁钩，勾住岸上岩石，拉船前行；时而篙尖点进岸边岩隙，撑船而进。两岸藤萝倒挂，杂树丛生，初夏的映山红，深秋的红叶，将长长的峡谷映得通红。到得"悬崖飞水"处，那半山腰的瀑布，在阳光照耀下，似彩练千条，如一串串珍珠，像一条条彩虹，直落江心。水珠儿

官渡峡

在空中四散飘飞，在江面溅雾飞花。船儿驶近，水在空中，人在雾中，其趣悠悠，其乐融融。再看"飞水"之下，乳石倒悬，有的似"牛肝马肺"，有的似"龙吐舌头"，形态各异，色彩不一。一路上，峡多弯多，"入峡疑无路，依山好放船。千寻云外径，一线瓮中天。水寨龙长卧，渔滩鹭自眠。白芦终古散，待访洞中仙。"这是清人吴连科在游览官渡峡后，触景生情写下的诗句，也是对这一自然景观的真实写照。官渡峡中，被当地人称为"龙舌头""仙人柜""仙人枢"的都是崖棺。崖棺，多在悬崖峭壁之上；有的则是在悬崖坎上砌一平台，棺木置平台上。时至今日，这些崖葬，棺木尚存。在官渡河与深溪河的汇合处，有一山寨，名"水寨"，这里曾是苗族祖先的避难之所。在山头之

一线瓮中天

上，至今尚存两道石门、一座祠堂、一座仓库等遗址。

4.1.4　蒲花暗河

　　暗河也叫"伏流"，指地面以下的河流，是地下喀斯特地貌的一种，是由地下水汇集，或地表水沿地下岩石裂隙渗入地下，经过岩石溶蚀、坍塌以及水的搬运而形成的地下河道。蒲花暗河位于黔江区濯水镇，阿蓬江和蒲花河交汇处。距离城区20千米，集地下暗河、天生三桥、天窗（天坑）于一体，景观迷人，独具魅力。暗河全长1700余米，核心区800余米，河面最窄处5米，最深达30米。景区由天生三桥、地下暗河、大漏斗、间歇泉、蒲花峡谷和蒲花生态农业园区组成。暗河上150多米高空三桥飞架、蔚为奇观，是国内乃至世界罕见的水上天生三桥，名为"黑龙潭"的大漏斗神秘莫测，暗河两岸，钟乳石笋，鬼斧神工。出河入峡，潺潺流水，巨石浅滩，藤蔓野花，趣味怡然，绝壁溶洞，引人入胜。绝世"天眼"带你进入"千年时空"隧道，曲折纵横，恍若隔世。蒲花暗河已成功创建国家4A级景区，打造成为地质奇观旅游景区。将独特的水上天生三桥、险峻的10千米无人区、静谧的千年赤穴溶洞、玄妙的古代悬棺、种类繁多的珍稀动植物云集于此。作为西部罕见地质奇观"节点"，蒲花暗河犹如在岁月长河中安然醒来的清丽仙子，睁开绝世"天眼"，将人带入难以抗拒的时空秘境。

　　蒲花暗河景区全年平均气温

△　蒲花暗河黑龙潭

15℃，夏天最高气温为 31℃，其中溶洞内气温全年保持恒温 22℃，素有"中央空调"的美称。春天碧桑绿叶、鸟语花香，一片生机盎然；夏季柳暗花明、万燕归巢，一片莺歌燕舞；秋天小桥流水、稻黄果红，尽显田园风光；冬季獐肥雉嫩，鱼虾满仓，笑迎八方来客。

　　蒲花暗河还有奇特的自然现象"三潮水"。三潮水位于蒲花暗河穿越的山峦西麓，是一个典型的间隙泉，离濯水镇 2.5 千米，有公路直达其边缘。三潮水涨落时间随季节和雨水的变化虽没有严格的规律，但总体上是每间隔六小时涨一次，白天较多的时间是在 6:00、12:00、18:00 前后涨潮，涨潮时泉水骤然增大，变猛的泉水喷涌而出，潭水亦随之陡然上涨，并溢出深潭，增加约 1 米^3/秒，形成湍流，沿

蒲花暗河天眼

溪而下。涨潮持续 1 小时左右，然后缓缓变小，直至恢复原状。黔江三潮水因其涨潮持续时间长、流量大、观赏性强而远近闻名。

　　三潮水溢出的溪水在涨潮前流量很小，这是正常时的溪水；涨潮中，从潭水里流出的溪水不断上涨，形成湍流（见图 4.2）。

　　中科院地质研究所陈诗才教授对三潮水赞不绝口，据他介绍世界上间隙泉极少。发现中国的间隙泉集中在西南地区，而且名字基本上都叫三潮水。主要有黔江濯水镇蒲花河、贵州修文、湖北鹤峰、重庆巴南丰盛镇、重庆武隆关桥村、重庆酉阳清泉乡六处。因为不可能把宝贵的间隙泉炸开再去研究其内部的地质构造，所以至今都还没有摸清间隙泉的真正成因，仅仅停留在模拟试验阶段，毛细虹

图 4.2　蒲花暗河奇特的自然现象"三潮水"

吸等理论都是推测,还有人用马桶抽水原理来解释间隙泉……总之,三潮水是一种非常奇特的自然现象,更是人类宝贵的自然资源!

4.2　瑰丽的美湖仙山

4.2.1　地震遗址小南海

　　小南海位于重庆与湖北交界处,距黔江城 32 千米。小南海年平均气温 15.7℃,夏季平均气温 24.7℃,最热月气温 25.6℃(见图 4.3)。清咸丰六年,一场突如其来的 6.25 级地震,滚石堆积形成了一个长 1170 米、底部宽 1040 米、高 67.5 米的天然大坝,堵塞板夹溪集水而成了一个天然湖泊,水域面积为 2.87 平方千米,湖面长 5 千米,积雨面积 150 平方千米,蓄水量达 7020 万立方米。地震距今虽然已有 160 年,但其留下的滑塌面、滚石等遗址仍保存着较为原始的状态,大、小垮岩及其他滚石堆积体清晰如初,堪称"中国独有,世界罕见",是现代地震现场对比研究不可多得的场所。

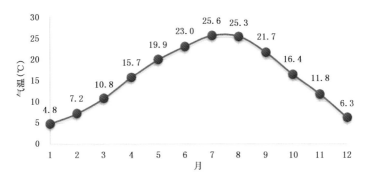

图 4.3　小南海逐月平均气温变化

小南海

"四野飞沙何所怜,武陵幻影游龙渊;地动山摇你不怕,一池清水凉眼帘",小南海被誉为"黔江奇海",是重庆新的城市名片之一。2000—2008年分别被评为重庆市"十佳"旅游景区、黔江小南海国家级地震遗址保护区、全国防震减灾科普宣传教育基地、国家地质公园、国家4A级旅游景区、国家级水利风景区、中国最佳旅游景区、重庆市生态旅游"十大旅游建设项目"单位、重庆市巴渝新十二景,同时被权威专家誉为"活的地震博物馆"。

4.2.2 武陵仙山

武陵仙山位于黔江区石会镇国道319线旁,距黔江城20千米,为武陵山脉腹地、川鄂边境名山。武陵仙山儒、佛、道三教合一,景色可谓雄、险、峻、幽,山峰绵亘十余千米,山势峻峭,奇峰兀立,危崖深谷。山脚处年平均气温15.3℃,夏季平均气温24.0℃,最热月平均气温25.0℃(见图4.4)。随着海拔的升高,气温逐渐降低,峰顶处气温更低。山峰因砂质页岩风化剥落而姿态万千,如公孙相携,若婆媳悄语,像八仙赴会,似动物世界,因势赋形,惟妙惟肖。其羽人山、公母山、八角庙、双石墩诸峰都有一个娓娓动听的故事传说,引人暇思。主峰海拔1092.8米,登临峰巅,一览群山,岩峦层叠,青山如波,白云如絮,峰云相携。与主峰相对应的羽人山,山势陡峭,突

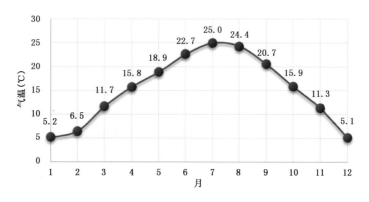

图4.4 武陵仙山逐月平均气温变化

兀不齐,秀丽如屏,被誉为"羽人仙鬟"。武陵仙山上古木参天,绿叶婆娑,林荫蔽日,许多珍稀植物点缀其间,野生动物出没其中,赋予武陵仙山勃勃的生机与灵气。

北宋名相寇准游历武陵山后,曾赋《武陵景》传世:"武陵乾坤立,独步上天梯。举目红日尽,回首白云低"。晚清名臣张之洞曾吟诗赞曰:"尚爱此山看不足,每逢佳处辄参禅"。可见,武陵风光,可见一斑。

武陵晨雾

武陵霞光

4.2.3 灰千梁原始森林

灰千梁原始森林地处武陵山脉西翼,黔江区东部边缘,呈喀斯特地貌,总面积约400平方千米,主峰大灰千梁海拔高1938.5米。灰千梁地貌奇特,呈狭长地带,首末端直距33千米,东西宽平均约6千米,最宽9千米。

云雾缭绕的灰千梁

潺潺溪流给人带来阵阵清凉

位于北纬30°的灰千梁原始森林，方圆数百里，人迹罕至，神秘、幽静、原始。沿梁脊分布有近似六大原始森林生态迷宫，每个面积约5平方千米，最大的有7～8平方千米。灰千梁是一个极度原始的植物宝库，仅乔木就有上百种，其中属国家一、二级保护的名贵树种达20多种，植物分布有着明显的区域性和规模性特征。它们在这完全与世隔绝的自然环境中自生自灭，代代传承，分外夺目。

灰千梁立体气候特征十分明显，雨量充沛，高山带夏季室外最高气温29℃左右，室内最高气温20℃左右，冬季室外最低气温－16℃左右，室内最低气温－3℃左右，年平均气温约11℃。与河沿相比，立体温差约10℃。地形骤升气温陡降，当灰千梁下的马喇镇市民还在祖胸露腹纳凉的时候，此时地处在海拔1834米的宾客们却在享受自然凉爽的馈赠。

灰千梁之雪

4.2.4　八面山

八面山在黔江城的西北,东西南北四路可通、八方能上,面积 30 平方千米,平均海拔 1400 米,主峰钟山顶高达 1720 米。八面山年平均气温 9.6℃,夏季平均气温仅有 18.6℃,最热月平均气温在 19.5℃(见图 4.5)。八面山景色秀丽,有大片的原始森林,天然植被繁茂,奇花异草富集,山上产天麻、黄连等名贵药材。冬季平均气温仅有 −0.5℃,冬季时节,气温逐步降低,高大的水杉树(国家一级保护植物,被称为植物王国的"活化石")一改夏日的葱郁,穿上火红的冬装,成了八面山一道靓丽的风景。

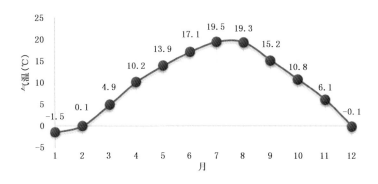

图 4.5　八面山逐月平均气温变化

八面山有许多名胜古迹和传说故事。西边的悬崖处,叫花崖子,又名白矾厂。宋代诗人黄庭坚,被劾'修史录不实'的罪名,贬涪洲别驾,期间闻厂有石可炼矾,往视之,乃嫩髓不成而去。而今,白帆不知何处去,花崖依旧笑春风。紧挨花子崖还有一座国公崖,此崖十分险峻。史书记载:"明洪武年间,凉国公派兰玉征蛮至此驻节",乃命此崖为国公崖。春夏秋冬四时,常云覆其上,天晴则金光万道,璀璨夺目。八面山因其峰峦雄伟,故历来为兵家的必争之地,至今上面的古战场遗址犹存。

八面山

4.2.5 仰头山

黔江仰头山森林公园位于黔江城郊，因形似仰卧的睡佛而得名，其上森林茂密，旅游设施完备。仰头山夏季平均气温约 23.1℃，令人感到清凉舒适。行走于郁郁葱葱的林中便道，小憩于山垭之上的凉亭之内，看那栩栩如生的巨型睡佛头像，静静地躺卧在群山之间,仰视天宇,像是一个参透凡事的仙人,也像一个思想深邃的长者,让人感受到心灵的震撼。在仰头山森林公园,除了观睡佛,最惬意的莫过于月夜听松涛了。春风拂面的满月之夜,来到仰头山森林公园,在月光的朗照之下,迈着轻细的脚步,在林间的小路上边走边看月下之景,会有一种白天所领略不到的意境:那茂密的树林,悄然地侍立在的小路左右,皎洁的月光从树梢倾泻下来,在白白的小路上写下斑驳的印记,使你的心灵得到陶冶和净化,让你感受到从未有过的宁静。

仰头山

云海中的仰头山

4.3　丰富的人文景观

　　黔江人文景观丰富,遗址遗迹众多,濯水古镇积聚了巴楚文化和久远的华夏文明,渝东南古人类遗址的发现印证了黔江人类痕迹的久远,正阳恐龙化石遗址、战国虎钮錞于、国家一级文物唐钟无不展示了黔江源远流长的历史和独特的土家苗族文化。黔江还是革命老区,红三军政委万涛烈士故居、马喇红三军革命纪念基地、水车坪红军纪念地、红军渡、红军树、芭蕉洞剿匪遗址等丰富的红色旅游资源。

唐钟　　　　　青铜甬钟　　　　　虎钮錞于

正阳出土恐龙化石

红三军政委—万涛及其故居

马喇红三军革命纪念基地　　　　　　　红军渡

红军树和水车坪红军纪念地

　　濯水古镇位于黔江南部,距城 12 千米,是国家历史文化名镇和国家 4A 级旅游景区。渝怀铁路、渝湘高速、319 国道从这里穿过,交通极为便利。濯水年平均气温 16.6℃,夏季平均气温 25.8℃,最热月平均气温 26.8℃。濯水所在的阿蓬江流域,自古与乌江、西水共同成为沟通三峡地区和江汉平原的重要通道,巴文化、大西文化由此交流传播。濯水古镇见证了巴人的进退兴衰,亲历了秦人的金戈铁马。濯水古镇集古商埠建筑群与自然山水、地质奇观、人文胜迹于一体。古镇街巷具有浓郁的渝东南古镇格局,既体现了与其他城市特别是平原城市历史街区的差异,也承载着巴文化、土家文化与其他文化的融合、传承、创新的亲情。古镇文化积淀丰厚,码头文化、商贾文化、场镇文化以及丰富多彩的文化艺术遗存相互交织。非物质文化遗产后河古戏与西兰卡普、雕刻等民间工艺交相辉映,形成了濯水独特的地方文化。在这里,你可以饱览土家古建筑独特的建筑风格,了解黔江悠久灿烂的历史文化,还可以近距离的亲近亚洲第一风雨廊桥。"游古镇老街,品土家美食,看后河古戏,听蓬江水音",濯水古镇蕴涵着历史的灿烂文化,随着古镇的改造,一个在4000多年的漫漫长河中积淀了丰富文化内涵的古镇已焕发昔日的风采,重新迎来一个辉煌的时代。

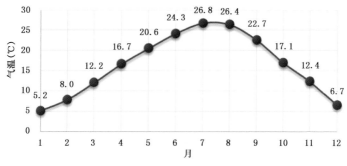

图4.6　濯水逐月平均气温变化

濯水古镇

4.4 浓厚的民俗风情

　　黔江是全国四个直辖市中唯一的少数民族聚居区,以土家族、苗族为主的少数民族人口占总人口的 73.3%,此外还有回族、蒙古族、藏族、满族等 24 个少数民族杂居于此。各民族和睦相处,团结互助,关系融洽。世世代代在这片土地上生活的土家、苗、汉各族人民,在衣食住行、婚恋丧葬、节庆礼仪、文化娱乐等方面独具当地特色的民俗风情。黔江处处蕴藏着丰富的民间文化和民间艺术,有 52 项分别被列入国家、市、区级非物质文化遗产保护名录(见表 4.1)。其中包括国家级 1 项、市级 11 项、区级 40 项,有 3 个重庆市市民间文化艺术之乡,14 个区级特色文化之乡,区级民间艺术大师 37 人。

　　南溪号子起源于唐朝,其雏形为土家族农民在劳动中解乏鼓劲的劳动号子和山歌号子,流传于黔江区鹅池镇南溪村,其"一人领唱,二人扮尖声,数人帮腔"的和声演唱形式,形成了高中低音互相应和,在山野间荡气回肠的天籁之声。南溪号子极具文化价值,是我国第一批非物质文化遗产。

表4.1 黔江国家级、市级非物质文化遗产项目名录

级别	项目	类别
国家级	南溪号子	
市级	南溪号子	传统音乐
	后坝山歌	
	马喇号子	
	帅氏莽号	
	中塘向氏武术	传统体育、游艺与杂技
	吴幺姑传说	民间文学
	濯水后河戏	传统戏剧
	濯水绿豆粉制作技艺	传统技艺
	黔江珍珠兰茶罐窨手工制作技艺	
	黔江斑鸠蛋树叶绿豆腐制作技艺	
	角角调	民俗

　　旅游的本质是文化和资源的完美结合,黔江能够从现代人的需求出发,充分利用本地的文化与资源特色,开发旅游文化市场。黔江区以举办的国际旅游节、碧水花海旅游节、民俗生态旅游节、武陵山民族文化节和美食文化节、春季国际购物节为宣传平台,准确定位旅游形象为"峡谷峡江之城、清新清凉之都、养生养心之地",加大广告宣传,这对提升黔江形象和知名度,促进黔江全面发展起了关键的作用。

赶年节

摸秋节

摆手节

六月六

铜铃舞

竹梆舞

板凳龙舞

狮舞

南溪号子

马喇号子

帅氏莽号

后坝山歌

土家哭嫁

土家族服饰

苗族服饰

吊脚楼

民族博物馆

武陵山民族文化节

民俗生态旅游节

黔江国际旅游节

4.5 繁多的旅游商品

黔江是渝东南生态保护发展区和民俗文化生态旅游带上的重要节点,旅游资源丰富,每年游客接待量达五百万人次,旅游消费市场巨大。旅游商品不仅具有实用、纪念、审美的价值,还有研究民族发展、民族文化的价值。在黔江,饮食文化、茶文化、手工艺文化和中医药文化,都渗透在这些特色旅游商品之中。

4.5.1 黔江美食

黔江的特色美食花样繁多,其中黔江鸡杂、腊肉香肠、斑鸠豆腐、绿豆粉、武陵山珍等美食赫赫有名,广受游客欢迎。

黔江鸡杂起源于 20 世纪 90 年代初期,是土家菜肴里面最负盛名的特色菜,同时也是黔江煨锅系列的代表菜。主材为土鸡内脏杂碎,佐以萝卜、土豆、豆腐、泡椒、花椒、姜蒜等。

肾豆因其表皮呈规则形状如肾脏,全身布满红色经络花纹而得名,被当地人称为神豆,相传为朝廷贡品,有"豆中之王"的美称。肾豆对温度要求较为严格,低于 16℃ 或高于 35℃ 都不宜生长,适宜生长的温度为 25～28℃。2007 年 9 月央视第七套频道的《每日农经》栏目专题播出"黔江肾豆",在全国引起了很大反响。经专家鉴定,黔江高山肾豆富含亚麻酸和多种营养成分,是治疗"三高"(高血压、高血糖、高血脂)的最佳食疗产品。

黔江鸡杂	腊肉香肠	斑鸠豆腐
米豆腐	酸醡肉	绿豆粉
肾豆	牛肉脯	羊肚菌
松菌	牛肝菌	竹荪

4.5.2 黔江药材

黔江中医药历史悠久,中药材资源十分丰富,是重庆市重要的产药区之一。黔江区现有和可利用植物中药材资源约 2400 余种,其中金银花、青蒿已经建成一定规模的商品基地,太子参、白术、玄参、当归、柴胡、三七、北沙参、茯苓、桔梗等的种植也已初具规模。中药材的自然分布受海拔高度的影响较大,同时也受气候和土壤类型等因素的影响。

青蒿是一年生草本植物,药用价值很高,青蒿素的衍生物可生产很多系列药品。青蒿素主治疟疾、结核病潮热、中暑、皮肤瘙痒、荨麻疹、脂溢性皮炎和灭蚊等。中国科学家屠呦呦从传统中草药里发现了对抗疟疾的青蒿素,并因此获得了 2015 年诺贝尔生理学或医学奖。青蒿产业一直是黔江区中药材的中流砥柱,黔江现已建成一定规模的青蒿商品基地,青蒿素年产量达全球总产量的 30% 以上。

地牯牛外表晶莹剔透,入口香脆,风味独特、营养丰富,不仅有较高的药用价值,还是美味的食物。据《本草纲目》记载:地牯牛有利胆利尿、镇静、润肺益肾、滋阴补血等功能,类似于冬虫夏草,常食用有保健作用,饭后食用有助于消化,酒后食用还可解酒。地牯牛性喜温暖,忌高温潮湿环境,生育适温 15~25℃,在全国各地都有零星种植,但是由于气候、土壤、水源等自然条件的差异,质量都不如黔江的优良。黔江的地牯牛种植、加工规模大,是全国的主要产地,已形成品牌和产业链条,市场竞争力强。

| 青蒿 | 天麻 | 金银花 |

珍珠兰花茶　　　　西兰卡普　　　　　刺绣

蜡染　　　　　　　竹编

4.6　蓬勃的生态农业

近年来,黔江区以"产业富民、产业扶贫"为核心,大力发展生态特色效益农业,重点培植烤烟、畜牧、蚕桑三大骨干产业,同时加快优质水果、精细蔬菜等生态特色产业发展,特色农业发展已取得显著成效。黔江建成仰头山现代农业示范园区、武陵仙山山地特色现代农业园区两个市级现代农业示范园区,核心示范园区面积突破 3 万亩,成为渝东南乃至武陵山区山地特色现代农业建设的样板。

生态农业观光园　　蚕业科技示范基地　　　烤烟示范基地

红心猕猴桃   脆红李   枇杷

  红心猕猴桃是一种食用与药用为一体的水果,每 100 克鲜果肉含维生素 C 100～420 毫克,比柑橘高 5～10 倍,比柠檬高 11～13 倍,比苹果高 20～80 倍,被称为"果中之王""维 C 之王"。红心猕猴桃一般在海拔 350～1500 米生长,但海拔 1000 米以上的地区栽培最能体现其果实红心的特性。红心猕猴桃需水较多,年降水量要求达到 800 毫米,相对湿度 70％～80％,年平均气温要求为 15～18.5℃,年日照时数 1100 小时以上山地,才可以满足红心猕猴桃生长周期的要求。黔江是"全国绿色生态猕猴桃之乡",猕猴桃是"全国农业标准化示范县"示范品种,"黔江金溪猕猴桃"是国家地理标志农产品。目前,全区累计种植红心猕猴桃 2.3 万亩,每年可收猕猴桃 4000 多吨。

  桑树桑叶产量和品质直接受天气变化的影响,桑树喜温、好光、需水量大,一般要求年日照时数为 1500 小时以上,年降水量约为 1500 毫米,生长最适宜温度 25～30℃。黔江蚕桑产业是全市优质茧丝绸出口基地,蚕茧产量自 2012 年以来保持重庆全市第一。"黔江—桐乡丝绸工业园"生产的丝织绸缎、真丝服装、蚕丝被等产品远销印度、日本、韩国等地,蚕桑生产发展为全区促进农民增收和扶贫攻坚工作发挥了积极的作用。黔江的"山区蚕桑产业的样板",广受来自业界和社会的赞誉,为带动当地农民安居乐业致富起到了重要作用。

  烤烟是一种喜温、喜光、需水较多的作物。在 10～35℃均宜生长,但最适宜温度为 25～28℃,当日平均气温低于 10℃时停止生长,最低气温低于 2℃时受冻害。黔江在重庆市率先成为全国整区推进

现代烟草农业示范区,是中华、芙蓉王、黄金叶"三大名烟"优质原料
供应基地。

　　黔江休闲农业与乡村旅游快速发展。全区已培育休闲农业与
乡村旅游示范点 125 个、精品线路 10 余条、星级农家乐 100 余家。
2013 年,黔江荣获"全国休闲农业与乡村旅游示范县""全国低碳国
土实验区"称号;曾入选"2011 CCTV－7 首届乡土盛典"国内 10 个
"最具风情民俗文化旅游目的地"之一,荣获 2011 年"寻找重庆最美
春天"十大旅游创新案例综合排名第五名,被授予"避暑纳凉天堂"
称号。目前,黔江区拥有部级美丽乡村示范村 1 个——小南海新建
村,市级美丽乡村示范村 7 个——濯水蒲花居委、沙坝十字村、脉东
村、西泡村、蓬东麻田村、石会镇中元村、冯家中坝村。计划于 2017
年,建成 20 个区级以上经济繁荣、环境优美、村风文明的"美丽乡
村"。

黔江美丽乡村

第 5 章

结　语

　　黔江气候清凉,夏无酷暑冬无严寒。黔江夏季平均气温 24.9℃,接近人体感觉最舒适气温,最热月(7月)平均气温 25.8℃, 气温相对不高,出现酷暑天气的概率低,日最高气温≥35℃的高温 日数年均 7 天,仅占全年的 2%,是周边 300 千米范围内高温天气相 对较少的地区。夏季舒适日数多,海拔高度适宜,微风习习,雨水充 沛,湿度适中,气象灾害少,气象景观丰富,立体气候特征明显。黔 江独特的气候优势非常适合夏季避暑纳凉的休闲生活。2014 年黔 江入围中国避暑旅游城市五十佳,是重庆市唯一入选的城市。黔江 冬季平均气温 6.0℃,日最低气温≤0℃日数年均 13 天,仅占全年的 4%,冬季基本没有严寒的天气。

江畔花开

　　黔江空气清新,生态环境质量优良。黔江生态资源丰富,区内 动植物种类繁多,生物多样性特征突出,黔江森林覆盖率高达 56%, 为全国森林覆盖率的 2.5 倍多,森林类型多样。黔江空气、水、声环 境优良,负氧离子丰富,空气清新。2012 年黔江区被联合国环境基 金会评为“绿色中国·杰出绿色生态城市”。

　　黔江景色多姿多彩,峡谷峡江独具特色。黔江旅游资源丰富,种类齐全。既有绮丽无比的自然风光,也有丰富多彩的民俗文化;既有琳琅满目的特色商品,也有源远流长的厚重历史。巍巍群山蕴涵着的"羽人仙鬟"的意境,葱郁植被洋溢着绿色生态的音符,地质奇观掩藏着小南海千年未解之谜,吊脚楼、摆手舞、西兰卡普、土家哂酒散发着土家族、苗族人魅力四射的民俗风情,让人惊叹,令人神往。黔江拥有最具特色的峡谷峡江美景:世界罕见、亚洲唯一的拥有佛教文化、绝壁景观、茂密植被、地下溶洞的观音崖大峡谷穿过城区;城郊拥有"一线天""悬棺""水寨"等景观的阿蓬江官渡峡贴城而过;既有原始幽深的峡谷峡江,又有汹涌澎湃的阿蓬江逶迤而出;集地下暗河、天生三桥、天窗(天坑)、三潮水于一体的蒲花暗河带您穿越时空。黔江这些奇伟、瑰怪、非常之观成就了一个世界绝版的"峡谷峡江之城"。

　　清凉舒适的宜居气候条件,清新怡人的优良生态环境,独具特色的峡江峡谷美景,黔江拥有得天独厚的生态旅游气候资源,不愧为"中国清新清凉峡谷城"。

秋高气爽小南海

参 考 文 献

2006—2013 年度黔江区环境质量报告书.

2007—2013 年重庆市环境状况公报.

2010—2014 年黔江区国民经济和社会发展统计公报.

2011—2015 年黔江区人民政府工作报告.

2014 年黔江区国民经济和社会发展统计公报.

2014 年黔江区环境质量年报.

2014 年重庆市环境质量简报.

保继刚,楚义芳,2001. 旅游地理学[M].北京:高等教育出版社.

曹辉,张晓萍,陈平留,2007. 福州国家森林公园旅游气候资源评价研究[J]. 林业经济问题,27(1):34-37.

陈莉,张海东,王承伟,等,2009. 体感温度客观分析方法研究[J],24(3):279-284.

丁守国,赵春生,石广玉,等,2005. 近 20 年全球总云量变化趋势分析[J]. 应用气象学报(5):670-677.

丁一汇,李巧萍,董文杰,2005.植被变化对中国区域气候影响的数值模拟研究[J].气象学报(5):613-621.

范业正,郭来喜,1998.中国海滨旅游地气候适宜性评价[J]. 自然资源学报,13(4):305-306.

傅伯杰,吕一河,高光耀,2012.中国主要陆地生态系统服务与生态安全研究的重要进展[J].自然杂志,34(5):261-272.

傅伯杰,2011. 生物多样性保护与可持续发展 从两难到双赢之路—以井冈山保护区为例[J].人与生物圈(6):78-79.

傅伯杰,2015.迈向生态学的新时代[J].生态学报,35(5):I0002-I0003.

高国栋,陆渝蓉,1988. 气候学[M].北京:气象出版社.

高庆先,刘俊蓉,李文涛,等,2015.中美空气质量指数(AQI)对比研究及启示. 环境科学,36(4):1141-1147.

高远安,2002.关于建设重庆市黔江生态区的思考[J].重庆环境科学,24

(1):17.

葛全胜,郑景云,郝志新,等,2014.过去 2000 年中国气候变化研究的新进展[J].地理学报,69(9):1248-1258.

国家环境保护局,国家技术监督局,1996.GB 3095－1996 环境空气质量标准[S].

环境保护部,国家质量监督检验检疫总局,2011.GB 3095－2012 环境空气质量标准[S].

黄嘉佑.胡永云,2006.中国冬季气温变化的趋向性研究[J].气象学报,64(5):614-621.

李明,龚念,王映,1999.湖北省旅游气候适宜度时空分布初探[J].武汉交通管理干部学院学报,1(1):74-79.

李永华,胡长金,程炳岩,2015.城口·中国生态气候明珠[M].北京:气象出版社.

廖善刚,1998.福建省旅游气候资源分析[J].福建师范大学学报(自然科学版),14(1):94-97.

马丽君,孙根年,马彦如,等,2011.50 年来北京旅游气候舒适度变化分析[J].干旱区资源与环境,25(10):161-166.

毛端谦,刘春燕,2002.三爪仑国家森林公园旅游气候评价[J].热带地理,22(3):245-246.

斯琴毕力格,2016.乌兰察布·中国草原避暑之都[M].北京:气象出版社.

秦大河,丁一汇,王绍武,等,2002.中国西部生态环境变化与对策建议[J].地球科学进展,17(3):314-319.

秦大河,周波涛,2014.气候变化与环境保护[J].科学与社会,4(2):19-26.

马振峰,郭海燕,范雄,2016.雅安·中国生态气候城市[M].北京:气象出版社.

王刘刘,汪颖达,2005.清凉峰旅游资源开发的研究[J].安徽工业大学学报(社会科学版),22(3):55-61.

吴章文,2001.旅游气候学[M].北京:气象出版社.

席建超,武国柱,甘萌雨,等,2009.六盘山生态旅游区典型植被对人类旅游践踏干扰的敏感性研究[J].资源科学(8):1447-1453.

徐继填,葛全胜,2002.西部旅游资源的赋存环境及分类[J].地理学与国土研究,18(4):59-63.

徐晓婷,杨永,王利松,2008.白豆杉的地理分布及潜在分布区估计[J].植物生态学报,32(5):1134－1145.

姚启润,1986. 旅游与气候[M].北京:中国旅游出版社.

余珊,戴文远,2005. 福建省旅游气候评价[J]. 福建师范大学学报(自然科学版),21(2):103-106.

翟盘茂,唐红玉,2007. 中国气候变化与气象灾害的联系[J]. 中国科技成果,23:4-7.

翟盘茂,2011. 全球变暖背景下的气候服务[J].气象,37(3):257-262.

张瑞英,席建超,葛全胜,2014. 乡村旅游农户可再生能源使用行为选择模型研究—基于六盘山生态旅游区的案例实证[J]. 干旱区资源与环境,0(12):190-196.

张善峰,许大为,2005.牡丹峰国家森林公园旅游资源评价与开发对策[J]. 森林工程,21(4):8-10.

中共重庆市黔江区委重庆市黔江区人民政府关于实施生态发展战略的决定. 2015 年 1 月. 黔江委发〔2015〕1 号.

重庆市 2012 年度生态环境质量评价报告.

重庆市 2014 年森林资源公报.

重庆市黔江区"十二五"生态建设和环境保护规划.

周广胜,张新时,1996a. 全球变化的中国气候—植被分类研究[J].植物学报,38(1):8-17.

周广胜,张新时,1996b. 中国气候—植被关系初探[J].植物生态学报,20(2):113-119.

竺可桢,1958.中国的亚热带[J].科学通报,3(17):524-528.